UI设计项目实战

主编 付 蕾 左晓英 田红玉

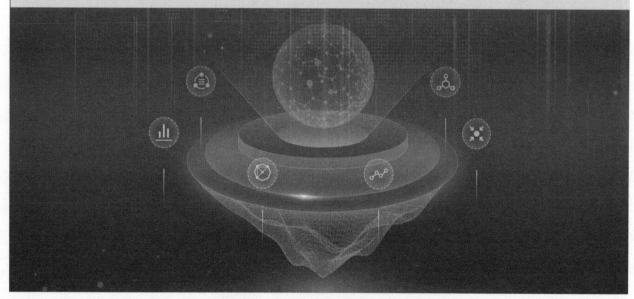

上海交通大学出版社
SHANGHAI JIAO TONG UNIVERSITY PRESS

内容提要

本书落实立德树人根本任务，贯彻《高等学校课程思政建设指导纲要》精神，根据高等学校人才培养目标，遵循"实用、适用、够用、应用"的原则，精选教学内容，注重教材内容的实用性，旨在为制造强国、交通强国、数字中国和教育强国建设培养复合型、发展型、创新型、国际化人才。本书分为三个部分，包括 UI 设计的世界、界面设计要素实战、项目开发实战，适合作为不同专业"UI 设计"课程的教学用书和学生用书，也适用于自学 UI 设计的社会人员。

图书在版编目（CIP）数据

UI 设计项目实战 / 付蕾，左晓英，田红玉主编 . —

上海：上海交通大学出版社，2024.4

ISBN 978-7-313-30181-9

Ⅰ . ① U… Ⅱ . ①付… ②左… ③田… Ⅲ . ①人机界

面－程序设计 Ⅳ .① TP311.1

中国国家版本馆 CIP 数据核字（2024）第 034857 号

UI 设计项目实战
UI SHEJI XIANGMU SHIZHAN

主　　编：付　蕾　左晓英　田红玉		地　　址：上海市番禺路 951 号	
出版发行：上海交通大学出版社		电　　话：021-6407 1208	
邮政编码：200030			
印　　制：北京荣玉印刷有限公司		经　　销：全国新华书店	
开　　本：889 mm × 1194 mm　1/16		印　　张：15	
字　　数：346 千字			
版　　次：2024 年 4 月第 1 版		印　　次：2024 年 4 月第 1 次印刷	
书　　号：ISBN 978-7-313-30181-9		电子书号：978-7-89424-544-1	
定　　价：79.00 元			

编写委员会

主　编｜**付　蕾　左晓英　田红玉**

副主编｜**鄂英华　张颖南　姚　远**
　　　　许　天　于　峰

编　委｜**孙　嘉　冷　冰**

在线课程学习指南

一、选课指南

（1）进入"国家高等教育智慧教育平台"，官网：https://www.smartedu.cn/。

（2）通过手机号注册并设置登录密码。

（3）在搜索框搜索主编、课程名，选择付蕾等主讲的"UI 设计与制作"课程。

二、学习指南

（1）点击"现在去学习"，查看本课程的课程概况和任课教师的个人简介。

（2）点击"加入课程"，选择并观看本课程不同章节的微课视频。

（3）点击"课程问答"，提出问题，与任课教师沟通，答疑解惑。

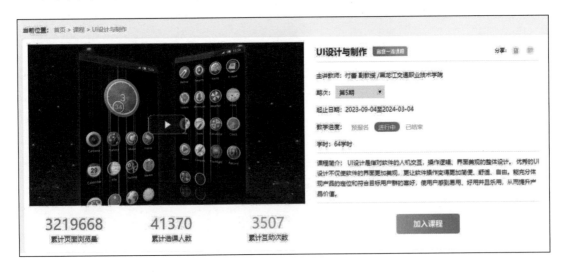

党的二十大报告明确指出："教育、科技、人才是全面建设社会主义现代化国家的基础性、战略性支撑。必须坚持科技是第一生产力、人才是第一资源、创新是第一动力，深入实施科教兴国战略、人才强国战略、创新驱动发展战略，开辟发展新领域新赛道，不断塑造发展新动能新优势。"本书的编写旨在为制造强国、交通强国、数字中国和教育强国建设培养复合型、发展型、创新型、国际化人才。

作为广告设计、数字媒体、软件技术、计算机网络技术等相关专业的教材，本书落实立德树人根本任务，贯彻《高等学校课程思政建设指导纲要》精神，根据职业院校人才培养目标，遵循"实用、适用、够用、应用"的原则，精选教学内容，注重教材内容的实用性。全书分为三大部分，包括 UI 设计的世界、界面设计要素实战、项目开发实战，其下还有"实训示例""知识储备""技术储备""实训演示""评价与思考""实战演练"等部分，并由若干个子任务串联起来。

本书在编写的过程中，汲取多所院校"UI 设计"课程的教学经验，力求在内容、结构、方法等方面有所突破，以充分体现职业教育的特点。具体来说，本书具有以下特点。

（1）充分体现信息化特征。本书依托国家高等教育智慧教育平台，形成了集微课、教学课件、学习素材等线上课程资源于一体的立体化资源库。

（2）突出职业特色。本书重在培养高素质技能型人才，以培养设计能力为目标，通过层层递进的项目让学生进行完整工作过程的学习。在案例设计上，增加了中华优秀传统文化、环保、创新创业和职业素养等元素，引入了当前企业规范，以增强学生的规范意识。设计是一种艺术和创造的过程，其结果也没有标准答案，这能够引导学生不断优化设计，以培养学生精益求精、追求卓越的工匠精神，实现素养、知识、能力一体化培养的教学目标。

（3）知识点和技能点紧密结合。本书注重培养学生实际动手的能力和解决实际问题的能力，突出职业教育的应用特色，强调以能力为本位，并有明确具体的训练成果展示。

（4）创新拓展训练，本书注重培养学生的创新意识与能力。设计本身就是一个不断创新的行业，UI 设计最大的特点就是在原有产品的基础上进行美观设计。本书充分利用这一特点，引导学生观察生活、思考生活、积极实践，通过半开放及全开放式命题项目，让学生一步一步培养创新意识，提升创新能力。

（5）多元化的教学评价方式。为促进学生职业能力的提升，本书采取多元的教学评价方式，如通过参与态度、操作能力、职业素养、实践创新等方面考查学生的知识应用能力，通过查资料、团队合作等方式综合考察学生的职业社会能力。

本书在编写过程中参考、借鉴了一些文献和资料，融汇了一些专家、学者的研究成果，在此一并向这些专家、学者们表示衷心的感谢！由于编者水平有限，本书可能存在疏漏和不足之处，敬请广大读者批评指正。

此外，本书编者还为广大一线教师提供了服务于本书的教学资源库，有需要者可致电13810412048 或发邮件至 2393867076@qq.com 领取。

编　者

2023 年 10 月

目　录

第二部分 界面设计要素实战 35

第三部分　项目开发实战　181

第一部分
UI 设计的世界

　　创新是引领设计的第一动力，诚实是表达设计理念的有效方式，自然是设计的本质属性，极简是设计的最高境界，设计看似简单却体现着复杂的辩证逻辑。本部分结合多年 UI 实践教学经验，将为初学者梳理一份清晰简明的规范流程，希望对大家能有一些帮助。

第1章 初识 UI 设计

互联网不仅需要在技术上求新、求异,还需要在视觉和风格上迎合大众的审美体验。随着互联网的普及,越来越多的企业、消费者对界面的视觉效果提出了更高的要求。优秀的 UI 设计可以更好地诠释企业的品牌和形象。本章将对 UI 设计相关知识进行介绍,帮助大家快速掌握 UI 设计的基础知识。

| 学习目标 |

知识目标

(1)了解 UI 设计的概念。

(2)了解移动端 UI 设计。

(3)了解 PC 端 UI 设计。

(4)掌握网页设计的原则及发展趋势。

能力目标

(1)能够熟练分析界面的设计特点。

(2)能够掌握 UI 设计的基本流程。

素质目标

(1)树立作为 UI 设计人员的职业素养,提升职业道德水平。

(2)养成积极的工作态度和良好的工作习惯。

(3)坚定文化自信,热爱并传承中华优秀传统文化。

1.1 UI 设计的基础知识

UI 指用户界面,是英文"user interface"的缩写。从字面上看,UI 是由用户与界面两个部分组成的,但实际上还包括用户与界面之间的交互关系,所以 UI 的具体内容包括用户研究、交互设计、界面设计。这就要求从业人员有较强的用户研究能力、业务理解能力、逻辑思维能力、数据分析能力、页面排版能力、沟通能力、执行能力等。

知识链接

UI设计的发展

1.Web1.0(1995 — 2003 年)

这是一个由第一代超文本标记语言(hyper text markup language,HTML)构建的基于文本的简单网站的时代。网页和软件开发人员花费大量时间使菜单、按钮和链接看起来明显"可点击",以使用户从一个页面跳转到另一个页面。

2.Web 2.0（2003 — 2010 年）

2003 — 2010 年，设计人员越来越需要教网络用户如何浏览网络内容，而这又使网络用户能够熟悉互联网。设计人员利用超大的图形指导用户"点击这里"和"了解更多"，同时利用各种颜色和图形吸引用户，如图 1-1-1 所示。

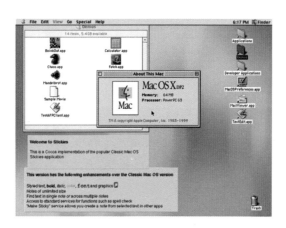

▲ 图 1-1-1　苹果官网主页顶部导航栏

3. 拟物化设计（2010 — 2012 年）

拟物化是一种将物体的视觉特征融入数字设计的做法。设计人员会获取对象的功能和质量，并以装饰性的方式重新创建它们，目的是唤起用户对应用程序、小部件、工具等的熟悉感。纹理、光线和颜色结合在一起能营造出一种深度感和现实感，如在界面设计中整合木板、金属和塑料的表面纹理，以模仿现实生活中的物体。

4. 扁平化设计（2012 年至今）

扁平化设计是数字设计世界的最新风格。扁平化设计中，简单是关键，即避免使用渐变、纹理和浮雕等装饰元素。该风格主要体现在开放的空间、明亮的色彩、锐利的边缘和二维插图上，非常注重可用性。

扁平化设计风格的一个显著优点是能够让人从可用性的角度来看其具有的独特适应性。扁平化设计风格丢弃不必要的样式，使页面加载时间显著减少、代码更清晰，这意味着站点可以轻松适应多个平台。这种风格适合各种类型的应用程序，无论是在电脑屏幕还是移动设备屏幕上查看，扁平化设计的内容始终清晰易读。

锤子科技前视觉总监罗子雄在 Dribbble 上发布过一组 UI 作品，该作品获得了 MIUI 第二届全球手机主题设计大赛二等奖，该作品从前期到后期都是一个非常成功的设计案例。我国虽然在 UI 设计上起步较晚，但是依靠自力更生，从一个相对落后的状态发展成为生产大国，现在又在进一步从中国制造转变为中国创造。作为 UI 设计人员，应将国内外的优秀设计理念和中华优秀传统民族文化相结合，发挥出中国的元素特有的文化内涵，将民族文化推向世界，让世界通过设计来了解中国。

1.1.1　UI 设计的常用工具

在进行 UI 设计时，设计人员常常会使用一些设计工具，常用的设计工具有 Adobe Photoshop、Adobe Illustrator、Sketch、Axure RP、After Effects、Adobe Dreamweaver 等。

1. 视觉设计工具：Adobe Photoshop、Adobe Illustrator、Sketch

Adobe Photoshop 简称"Ps"，是 UI 设计、建筑装修设计、平面设计、网页设计的常用工具，具有使用方便、功能强大的特点，可以高效地对图片进行处理与制作。使用 Ps 不仅能够制作静态的 UI 界面，还能够制作简单的动效，如按钮点击动效、登录交互动效、表情包动效等。Ps 操作界面如图 1-1-2 所示。

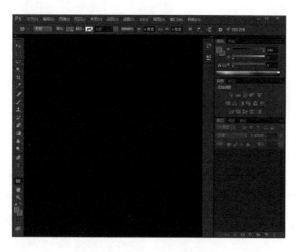

▲ 图 1-1-2　Ps 操作界面

Adobe Illustrator 简称"Ai"，是一款由 Adobe 公司开发的矢量插画工具，具有矢量动画设计、界面设计、网站制作和网页动画制作等多种功能。Ai 作为一款矢量绘图工具，被广泛应用于广告设计、网页制作、插图绘制、UI 设计等诸多领域。设计人员在进行 UI 设计时常常会把 Ps 和 Ai 结合起来使用。Ai 操作界面如图 1-1-3 所示。

▲ 图 1-1-3　Ai 操作界面

Sketch 是一款适用性很强的矢量绘图应用。矢量绘图也是进行网页、图标及界面设计的好方式。但除了矢量编辑的功能，Sketch 同样添加了一些基本的位图工具，如模糊和色彩校正。Sketch 的特点是容易操作，对于设计新手来说，上手较容易。Sketch 启动界面如图 1-1-4 所示。

▲ 图 1-1-4　Sketch 启动界面

2. 快速原型设计工具：Axure RP

Axure RP 是一个专业的快速原型设计工具，可以让定义需求和规格、设计功能和界面的人员（产品经理、UI 设计人员）能够快速创建应用软件或 Web 网站的线框图、流程图、原型和规格说明文档。作为专业的原型设计工具，它能快速、高效地创建原型，同时支持多人协作设计和版本控制管理。Axure RP 启动界面如图 1-1-5 所示。

▲ 图 1-1-5　Axure RP 启动界面

3. 动效设计工具：Adobe After Effects

Adobe After Effects 简称"Ae"，是 Adobe 公司推出的一款图形视频处理软件，具有视频处理、动画制作、多层剪辑等多种功能。UI 设计人员常使用 Ae 制作产品界面中的动态图形和动画特效，使其设计的整个界面更有特色，更能吸引用户的注意力。Ae 启动界面如图 1-1-6 所示。

▲ 图 1-1-6　Ae 启动界面

4. 前端设计工具：Adobe Dreamweaver

Adobe Dreamweaver 简称"Dw"，是 HTML 的开发工具，主要被用于编写静态页面和 css 样式。UI 设计人员需要学习前端的布局和设计，但并非要精通。使用 Dw 能够很好地配合前端工程师做好产品开发工作。Dw 启动界面如图 1-1-7 所示。

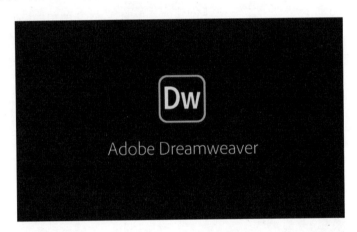

▲ 图 1-1-7　Dw 启动界面

除了要了解以上 UI 设计的常用工具，一名合格、优秀的 UI 设计人员还需要具备三种能力：界面视觉设计能力、交互体验设计能力、用户需求研究能力。通常，用户看到的只有界面视觉设计，如 App 的界面。但是对于 UI 设计人员而言，这三种能力需要从后往前提升，这样才能完成 UI 设计人员的工作职责。

1.1.2　UI 界面的色彩搭配

色彩是一种极具刺激性的视觉语言，主要用于引导用户在屏幕上执行操作或突出显示必要信息。通常来说，在设计的过程中要小心地处理色彩，因为它不仅能够传达情绪，而且能够传达信息。UI 设计需要帮助用户根据优先级快速采取行动，所以设计人员需要谨慎地使用颜色。

1. 颜色的属性

颜色具有三种属性：区分独特颜色种类的色相（hue）、区分颜色深浅的饱和度（saturation）、区分明暗的明度（brightness），如图 1-1-8 所示。这三种属性常被用于制作各种视觉效果，如图 1-1-9 所示。

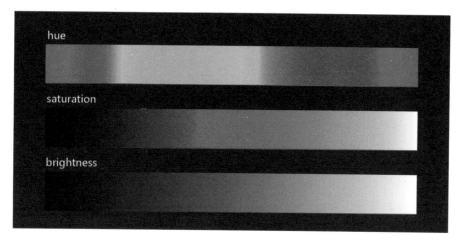

▲ 图 1-1-8　颜色的三种属性

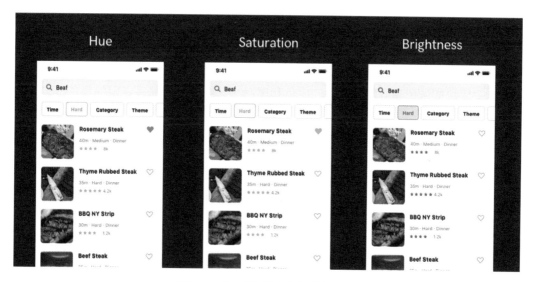

▲ 图 1-1-9　不同颜色属性的视觉效果

2. 颜色模式

设计中使用的颜色、电脑处理的颜色、显示器显示的颜色，都因规格而异。常见的颜色模式主要有 RGB、HSB 等，如图 1-1-10 所示。

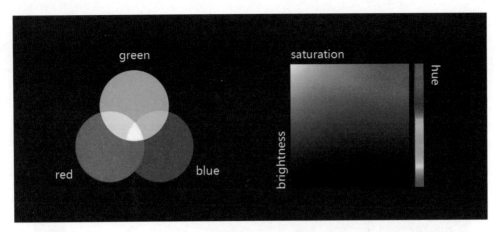

▲ 图 1-1-10　颜色模式

RGB 代表红（red）、绿（green）、蓝（blue）三种颜色，RGB 颜色模式是工业界的一种颜色标准，它是通过改变红、绿、蓝三种颜色的强度及它们的叠加比例来得到各式各样的颜色的，这个标准几乎包括了人类视力所能感知的所有颜色，是目前运用最广的颜色系统之一。

HSB 又称 HSV，表示一种颜色模式。在 HSB 模式中，H（hue）表示色相，S（saturation）表示饱和度，B（brightness）表示明度。HSB 模式对应的媒介是人眼。在 HSB 模式中，S 和 B 呈现的数值越高，饱和度、明度越高，页面色彩就越艳丽，但这样的颜色对视觉刺激是强烈且迅速的，不利于长时间观看。

3. 原色、二次色和黑白

设计中使用的颜色基本是原色、二次色和黑白。其中，原色是最常用的颜色，二次色是使用原色混合出的颜色，而黑白主要用于背景和文字，是最暗的颜色。根据性质，还有更多不同的颜色组合，如图 1-1-11 所示。设计中使用的原色在很大程度上遵循品牌的色彩惯例，如图 1-1-12 所示。

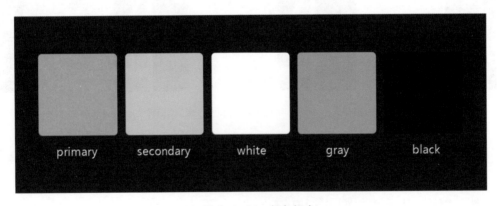

▲ 图 1-1-11　颜色组合

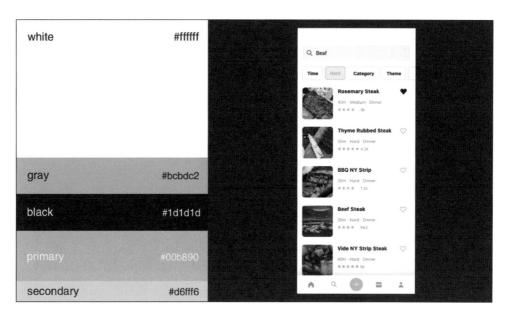

▲ 图 1-1-12　颜色组合案例 1

4. 等级制度

等级制度决定产品中要使用的颜色类型，在页面上使用颜色时要遵循信息的主次，如图 1-1-13 所示。设计人员常使用原色和二次色来强调功能或用户必须知道的信息等重要元素，用黑色和白色来制作骨架。当重要元素在特殊情况下占据重要地位时，应使用适合该含义的颜色，因为颜色能突出重要的最终行为要素和必须验证的信息，如图 1-1-14 所示。

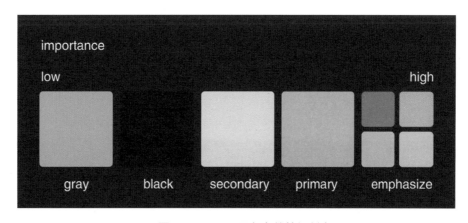

▲ 图 1-1-13　不同颜色的等级制度

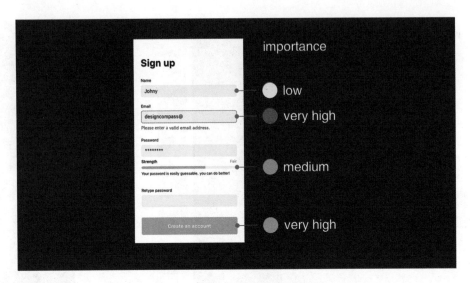

▲ 图 1-1-14　不同颜色等级案例

5. 颜色比例

由于颜色是一种强烈的刺激物，因此设计人员在设计时应通过控制颜色比例的方法来避免用户的眼睛疲劳。据调查，用户对界面颜色感觉最舒适和可接受的比例是 6：3：1，如图 1-1-15 所示。背景颜色可以使用 60% 的白色和 30% 的黑色，10% 的其他颜色可以分配给要强调的元素或面向文本的服务。考虑分配背景色的总量后，设计人员可以在 10% 以内尝试添加颜色来调整颜色比例，如图 1-1-16 所示。

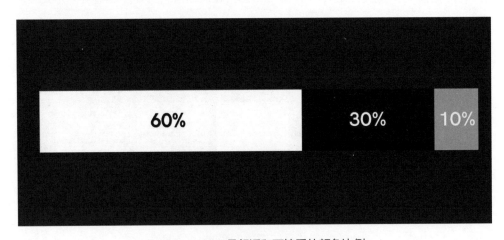

▲ 图 1-1-15　最舒适和可接受的颜色比例

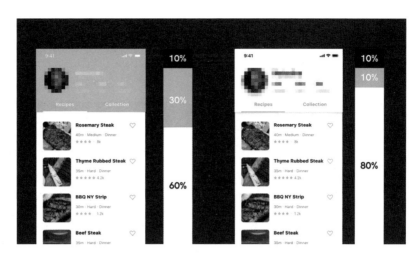

▲ 图 1-1-16 不同颜色比例案例

6. 颜色对比

如果界面颜色模糊，那么用户需要集中注意力才能看到细微差别，因此设计人员在设计时，要尽可能地使界面颜色的对比强烈。如果必须模糊颜色，设计人员需要考虑用户是否真的能够通过颜色来区分不同信息。如果决定以不同的方式表达一种颜色，设计人员则需要提供足够高的对比度以使该颜色与其他颜色明显区分开来。设计人员需要考虑背景颜色与其他元素的相对关系来调整颜色，如图 1-1-17 所示。

▲ 图 1-1-17 颜色对比

7. 颜色组合

单色（monochromatic）：作为突出重要信息时使用的主色。

类比色（analogous color）：在元素需要区分时使用。

互补色（complemntary）：在元素需要比其他元素更强烈地突出时使用。

有时，设计人员需要根据色相环选择与主色相匹配的颜色。所有元素主要用单一颜色表示，其虽然与主色相似，但在需要区分时应使用类似颜色，在需要用户更清楚地识别信息时应使用补色，如图 1-1-18 和图 1-1-19 所示。

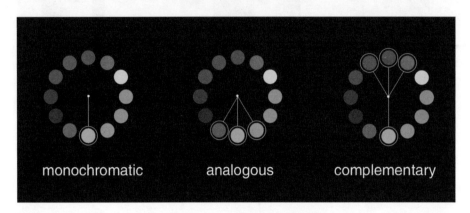

▲ 图 1-1-18　色相环中颜色组合

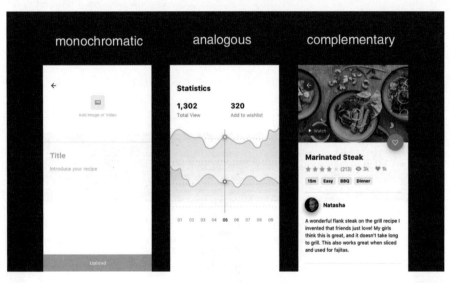

▲ 图 1-1-19　颜色组合案例 2

8. 暗与亮

如果难以用一种原色区分信息，则可以使用深色和浅色，即比主色深的颜色和比主色浅的颜色，如图 1-1-20 所示。根据自然界的颜色变化规律，可以按"亮度—饱和度—色调"的顺序变换颜色，如图 1-1-21 所示。

▲ 图 1-1-20　原色、深色和浅色

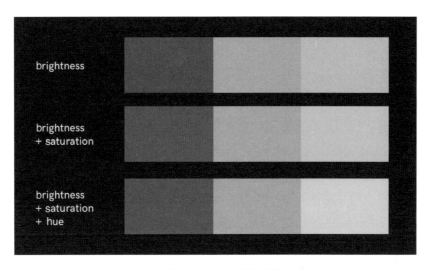

▲ 图 1-1-21　颜色变换

1.1.3　UI 设计的原则

一个好的 UI 设计不仅起着传播信息的作用，还能使用户从中获得视觉上的享受。为了使产品界面带给用户更好的视觉效果，达到提升品牌形象、促进产品销售、传播价值理念等目的，UI 设计人员需要遵循以下五个原则。

1. 适用性

衡量一个 UI 设计是否成功，最主要的是看该 UI 设计中的产品界面能否被用户接受，能否满足用户的使用习惯。适用性原则是 UI 设计的基本原则，主要包括以下两个方面。

1）功能的适用性

对于一个为满足用户的某种需求而出现的产品，其功能的适用性是非常重要的。

功能的适用性主要可分为两个方面，分别是实用功能的适用性和审美功能的适用性，二者相辅相成。实用功能的适用性是指产品界面的适用性，即尽量使用简洁的、用户熟悉的操作界面，让用户能够快捷、轻松地获取需要的信息，而不是一味地追求华丽、炫酷的效果，忽略了用户的日常使用习惯与功能需求；审美功能的适用性是指在满足实用功能的适用性的前提下提升产品界面带给用户的精神满足感。

2）尺寸的适用性

UI 设计主要是在软件产品界面中展示，很容易受到屏幕的尺寸限制，因此同一个软件会有不同尺寸的产品界面，设计人员在进行 UI 设计时需要注意尺寸的适用性。

2. 规范性

每个产品界面都有属于自己的设计规范，设计人员遵循规范性原则可以减少时间消耗和降低沟通成本，让界面最终的呈现效果与预期效果一致，提升用户的体验感。同时，不同的系统也会有不同的设计规范，如 Android 和 iOS 操作系统的设计规范就会有所不同。

3. 易操作性

UI 设计不同于其他平面设计，用户会在 UI 设计中进行一定的交互操作，因此界面应具有方便、易用的特性，帮助用户了解和使用产品，为用户带来便利，这也能增加用户对产品的操作信心，以降低使用产品的差错率。

一般来说，UI 设计的易操作性主要体现在进行交互操作的按钮上，按钮与按钮之间需要保持合适的距离，同时还要能够引导用户进行操作，让界面的操作更加简洁易懂。如图 1-1-22 为某运动品牌 App 的登录界面和产品购买界面，在登录界面中有多种登录方式，用户既可以选择常用的手机号登录，也可以选择微信、QQ 等关联账号登录，这让用户有更多的选择，方便使用。产品购买界面中也有明确的提示按钮，如"加入购物车""立即购买"等，这些按钮可以引导用户直接进行操作，提高界面的可操作性。

▲ 图 1-1-22 某运动品牌 App 的登录界面和产品购买界面

4. 统一性

通常来说，用户界面不是单独的一个界面，它是由多个不同的界面组成的，因此统一性也是 UI 设计人员必须遵循的原则。统一性原则贯穿 UI 设计的全过程，如在进行整个 UI 设计时，界面中的版式、文字大小与间距、色彩、风格、布局等元素都要做到基本统一和协调；在对界面内容进行描述时，界面中的功能要与内容的描述保持一致，避免同一功能的描述使用多个不同的词汇。遵循统一性原则可以让整个界面看起来整齐有序，加深用户对界面的印象。美团 App 界面如图 1-1-23 所示。

界面 1   界面 2

▲ 图 1-1-23 美团 App 界面

5. 层级性

一般而言，层次感分明、交互逻辑清晰的界面内容会给用户带来良好的印象，而没有层级性的界面会让用户找不到内容的重点，从而使用户感到困惑甚至陷入混乱，产生不好的体验。强烈的视觉层次感会让用户形成清晰的浏览次序，因此 UI 设计的层级性非常重要，设计人员在进行设计时需要先对内容进行整体梳理，考虑信息之间的关联性，分清主次关系，然后按照一定的条理进行内容展示。通常来说，设计人员可以从字体、色彩、图标等界面元素或用户浏览的习惯入手来凸显界面内容的层级性。

1.1.4　UI 设计的流程

在进行 UI 设计时，设计人员需要先分析设计需求，然后根据需求明确视觉定位，再进行界面的原型图和效果图绘制，最后对完成的界面进行标注和切图，这样得到的界面效果才更符合企业的需求。下面对 UI 设计的流程进行介绍。

1. 分析设计需求

UI 设计开始之前，设计人员需要先分析设计需求，整理思路，然后才能有针对性地开展设计工作。分析设计需求可以从以下三个方面入手。

（1）市场需求。市场需求包括市场背景、市场定位，现有产品数据、运营与盈利方式等。

（2）用户需求。产品选择权在于用户，因此对用户需求的分析必不可少。用户需求分析可从两个方向出发：第一个是用户的显性需求，即用户的可视化特征，如用户的年龄、性别、职业、地域、兴趣爱好等；第二个是用户的隐性需求，即用户的内在特征，如用户的使用场景、用户对产品的需求、用户的情感等。

（3）产品需求。产品需求是产品的组成部分，也是产品最终要达到的目的。在设计开始前，设计人员需要确定产品的功能与内容，即产品中有哪些界面，每个界面中有哪些内容，哪些界面是重点设计部分，选择哪种产品系统，等等。此外，设计人员也可以将自己设计的产品与同类产品进行对比分析，以明确产品的需求与优势。

2. 明确视觉定位

完成设计需求分析后，设计人员即可对 UI 设计的内容进行视觉定位，一般可从色彩与字体的选择、设计风格、界面布局和构图三个方面进行考虑。

（1）色彩与字体的选择。一般来说，界面中的主题色彩应采用品牌色，因为品牌色已深入人心，主题色彩用品牌色可以加深产品在用户心中的印象。另外，界面中的字体选择也同样重要，设计人员可根据产品属性和品牌特点选择合适的字体。

（2）设计风格。UI 设计的风格与产品属性是相辅相成的，设计人员可依据产品属性与需求来选择合适的设计风格，这样更有利于提升产品的视觉效果。

（3）界面布局和构图。界面布局和构图是在有限的空间内，将界面元素按照产品的需求和风格进行排列组合。界面布局和构图是 UI 设计中不可或缺的一部分，决定了产品界面最终的视觉形象，对产品的品牌也有着重要的影响。

转转 App 的启动页界面如图 1-1-24 所示，闲鱼 App 的启动页界面如图 1-1-25 所示。从色彩上来看，这两个 App 界面的主题色彩都选择了品牌色，即转转的白色和闲鱼的黄色；从设计风格来看，二者界面的风格都比较精简、直白；从界面布局和构图来看，这两个界面都将主要信息放置在中心位置处，保持了视觉上的平衡感。总体来说，这两个 App 界面的视觉定位都较为清晰、准确，让用户一目了然。

▲ 图 1-1-24　转转 App 的启动页界面

▲ 图 1-1-25　闲鱼 App 的启动页界面

3. 绘制原型图

明确视觉定位后，设计人员即可进行原型图的绘制。原型图是设计人员对产品的最初设想，主要是对产品内容和结构进行的粗略布局。在绘制原型图前，设计人员需要明确产品界面的文案、图片、音效、交互、动效、视频等元素，确定每一个界面中的内容与布局。如果要求不高，也可以找一些相关的图进行替代，绘制的重点还是将想表达的思路阐述清楚。在原型图的绘制过程中，设计人员需要积极地和后期人员沟通，解决问题，例如，界面场景动效如何构思展示、技术上能否实现等，这样才能够确保后续工作顺利开展。常见的原型图绘制方式有计算机绘制和手绘两种，如图 1-1-26 所示。

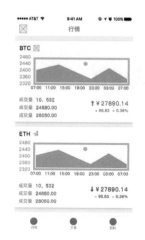

计算机绘制原型图

手绘原型图

▲ 图 1-1-26　两种不同类型的原型图效果

4. 绘制效果图

完成原型图的绘制后，设计人员即可搜集需要使用的素材并进行 UI 设计，绘制效果图。

1）搜集素材

素材搜集主要包括图片、视频和音效的搜集，以及文字类信息的搜集，等等。

（1）图片、视频和音效的搜集。在进行 UI 设计时，设计人员需要很多素材来包装产品界面，包括图片、视频和音效等多种素材。

搜集素材主要有两种方式，分别是网上搜集、实物拍摄。网上搜集指在互联网上通过素材网站搜索需要的图片、视频和音效并下载。需要注意的是，网站中很多图片、视频和音效不能直接商用，因此使用前要确认版权。实物拍摄也是搜集素材的常用方法，一般可在真实场景中进行拍摄，增强真实性，提高用户对产品的信任度，从而提升用户对企业的好感度。

（2）文字类信息的搜集。这里的文字类信息主要是指产品内容的信息，包括产品中的图标名称、按钮名称和展示过程中的文字叙述等。文字类信息的搜集主要根据产品的特性、功能来进行，如需要做一款健身类的产品，设计人员可搜集有关健身的课程介绍、注意事项、器材介绍等信息，便于后期设计时使用。在搜集信息的过程中，设计人员要兼顾信息的广泛性、准确性、及时性、系统性等，这样才能使搜集的信息更符合需求。

2）进行 UI 设计

完成素材的搜集后，即可根据原型图与搜集的素材进行 UI 设计。UI 设计多使用 Adobe Photoshop 来完成，设计人员可先根据原型图的要求绘制主要形状，再按照设计要求添加或绘制素材，进行界面的制作。在设计时要注意界面的适用性、规范性、易操作性、统一性和层级性。

5. 标注与切图

界面的效果图绘制完成后，为了保证后期程序设计人员在开发产品时能够准确、高效地还原界面，设计人员需要对设计出来的界面进行精确的尺寸标注与切图。合适、精准的标注与切图可以最大限度地还原设计图，达到事半功倍的效果。一般来说，设计人员都会使用一些专业的标注工具来提高工作效率，如马克鳗（MarkMan）、像素大厨（PxCook）等，而进行切图时可以直接使用 Adobe Photoshop。界面标注与切图的具体方法将在后面进行介绍。

1.1.5　UI 设计的种类

好的 UI 设计不仅能提高界面的浏览量，还能吸引用户持续浏览。因此，UI 设计被广泛运用于各种界面中，如移动端界面、网页界面、游戏界面和应用软件界面，下面将分别对这几种界面设计进行介绍。

1. 移动端界面设计

App 是 application 的简称，指安装在手机上的应用软件。随着移动互联网的快速发展，智能手机逐渐成为人们日常生活中重要的组成部分，因此移动端界面设计就显得尤为重要，其不但要美观、实用，而且还要带给用户好的操作体验。如图 1-1-27 所示为京东 App 界面，从界面设计上来看，该 App 界面的主题色为红色，各个界面的色彩非常统一，效果美观；从交互设计上来看，每个界面中都有导航超链接或按钮，能够帮助用户在 App 中的各个界面进行跳转，并帮助用户更加了解和熟练使用该 App。

界面 1

界面 2

界面 3

▲ 图 1-1-27 京东 App 界面

2. 网页界面设计

网页界面设计不是对各种信息进行简单堆砌，而是运用各种设计手段和交互技术让网页内容更加丰富、美观，更具有吸引力。网页界面设计的目的是引起用户浏览的欲望，让用户操作起来更方便、快捷，并使用户更有效地接收网页所传达的信息。如图 1-1-28 所示为某旅游官方网站的首页界面，该界面中的各个板块内的图片都采用了相同的尺寸与色调，同时，文字的字体、颜色、大小、间距等格式也非常统一，这有利于保持界面整体的和谐，加深用户对该网站的印象。另外，统一的视觉效果让该网站中的导航结构非常清晰，便于用户在网站中查找信息。

▲ 图 1-1-28 某旅游官方网站的首页界面

3. 游戏界面设计

近几年，随着游戏行业的迅速发展，游戏界面设计在游戏体验中发挥的作用越来越明显。优秀的游戏界面设计不仅能够帮助用户快速学会游戏操作，还具有较强的表现力和感染力，可以让用户获得更好的操作体验。一般来说，游戏界面设计会更注重人体的感官体验和操作的实用性，如配乐、动效、画面和界面布局等。如图 1-1-29 所示为某游戏界面，该界面色彩艳丽，营造出一种轻松、活跃的氛围，界面中的按钮和图标也非常形象，且大小合理，便于用户操作。

▲ 图 1-1-29　某游戏界面

4. 应用软件界面设计

应用软件界面设计是指为了满足软件专业化和标准化的需求而对界面进行实用性和美观性的设计，主要包括软件启动界面设计、软件界面面板设计、软件安装过程中的界面设计，以及软件界面的滚动条、按钮和状态栏设计等。

如图 1-1-30 所示为某电脑安全卫士的界面，该界面布局重点突出、层次分明，界面中间为功能状态的显示区域，界面上方为主要功能按钮，界面右下角为常用工具按钮。另外，界面中的按钮图标也非常简单易懂，如"我的电脑"按钮的图标为计算机显示器，"电脑清理"按钮的图标为扫把，等等。整体来说，该应用软件的界面设计不但美观大方、简单有序，而且也便于用户操作。

▲ 图 1-1-30　某电脑安全卫士界面

1.2　移动端 UI 设计

移动端 UI 是手机操作系统中人机互动的窗口，其界面必须在了解手机的物理特性和软件的应用特性的基础上进行合理的设计。UI 设计人员首先应对手机的系统性能有所了解，如手机所支持的最多色彩数量、手机所支持的图像格式等；其次应对软件的功能有详细的了解，熟悉每个模块的应用形式。

1.2.1　界面构成的基本区域

界面主要被分为几个标准的信息区域：状态区、标题区、功能操作区、公共导航区，如表 1-2-1 所示。

表 1-2-1　界面信息区域及主要功能

区域	主要功能
状态区	显示目前的运行状态及事件的区域，包括电池电量、信号强度、运营商名称、未处理事件及数量、时间等
标题区	主要包括 logo、名称、版本及相关的图文信息
功能操作区	软件的核心部分，也是版面上面积最大的部分，包含列表、焦点、滚动条、图标等很多不同的元素。不同层级的界面包含的元素是不同的，需要根据具体情况进行合理搭配
公共导航区	又称软键盘区域，主要是进行大面积软件操作的区域。它可以保存当前的操作结果、切换当前操作板块、退出软件系统，实现对软件的灵活操控

1.2.2　手机屏幕相关术语

在进行移动端界面设计之前，设计人员首先需要了解有关手机屏幕的相关尺寸用语，这样有助于更好地设计移动端界面。

（1）英寸（inch）：长度单位，1 英寸 = 2.54 厘米，如 4.7 英寸指的是手机屏幕的长度。

（2）分辨率：屏幕物理像素（pixel，px）的总和，一般用屏幕宽度乘以屏幕高度来表示，如 480 px × 480 px、640 px × 1136 px 等。像素是显示屏规范中的最小单位。

（3）屏幕密度：每英寸像素（pixel/dots per inch，ppi/dpi）。它是由对角线的像素点除以屏幕的大小得到的。假如一部手机的分辨率是 1080 px × 1920 px，屏幕大小为 5 寸（1 寸 = 3.3 厘米），即宽是 1080 px、高是 1920 px，根据勾股定理，可以得出对角线的像素数大约是 2203 px，那么用 2203 除以 5 就是此屏幕的像素密度了，计算结果是 440 ppi，也就是这部手机每寸有 440 个像素，如图 1-2-1 所示。

（4）倍率：也称设备像素比，是物理像素和逻辑像素的比例。随着硬件技术的提高，物理分辨率可以达到逻辑分辨率的多倍以上，这就意味着在原有画布大小的设计图稿中，一个 UI 设计产品里的像素点在屏幕里对应着多个像素点，即一个逻辑像素（1 pt）既可以对应一个物理像素（1 px），也可以对应 1.5 个物理像素（1.5 px）甚至更多。倍率的计算公式为"倍率 = 物理像素 ÷ 逻辑像素"，用 @1×、@2× 和 @3× 进行表示，具体如下。

▲ 图 1-2-1　手机 ppi 计算公式

① 1 pt = 1 px，即 @1×。

② 1 pt = 1.5 px，即 @1.5×。

③ 1 pt = 2 px，即 @2×。

④ 1 pt = 3 px，即 @3×。

1.2.3　各个系统手机常见尺寸标准

1. Android 系统手机常见尺寸标准

Android 系统常称为安卓系统，是由谷歌公司和开放手机联盟联合开发的一种基于 Linux 的操作系统。目前，除苹果手机以外的大多数智能手机都使用 Android 系统。Android 系统手机常见尺寸参数如表 1-2-2 所示。

表 1-2-2　Android 系统手机常见尺寸参数

屏幕尺寸	屏幕分辨率	屏幕密度
2.8 英寸	240 px × 320 px	LDPI　120 ppi
3.2 英寸	320 px × 480 px	MDPI　160 ppi

续表

屏幕尺寸	屏幕分辨率	屏幕密度
4.0 英寸	480 px × 800 px	HDPI 240 ppi
4.8 英寸	720 px × 1280 px	XHDPI 320 ppi
5.0 英寸	1080 px × 1920 px	XLHDPI 441 ppi
10.0 英寸	800 px × 1280 px	XHDPI 420 ppi

2. iOS 系统手机常见尺寸标准

iOS 系统的英文全称为" iPhone operation system",中文为苹果系统,是由美国苹果公司开发的一款手持移动设备操作系统,是目前苹果公司推出的手持移动设备的唯一操作系统,主要应用在苹果公司的手机和平板电脑中。

iOS 系统手机常见尺寸参数如下。

1）常规屏幕

iOS 系统手机常规屏幕尺寸如表 1-2-3 所示。

表 1-2-3　iOS 系统手机常规屏幕尺寸

屏幕尺寸	屏幕分辨率
4.0 英寸	1136 px×640 px
4.7 英寸	1334 px×750 px
5.5 英寸	1980 px×1080 px

2）刘海屏幕

iOS 系统手机刘海屏幕尺寸如表 1-2-4 所示。

表 1-2-4　iOS 系统手机刘海屏幕尺寸

屏幕尺寸	屏幕分辨率
5.4 英寸	2340 px × 1080 px
5.8 英寸	2436 px × 1125 px
6.1 英寸	2532 px × 1170 px
6.5 英寸	2688 px × 1242 px
6.7 英寸	2778 px × 1284 px

1.3　PC 端 UI 设计

PC（personal computer）端就是接入个人电脑的接口,有些手机在接入电脑的时候会提示容量存储，就是提示接入个人电脑的意思。PC 端一般包括终端、个人用户端、客户端。

1.3.1　网页 UI 设计规范

网页 UI 设计规范如下。

网页宽度为 1920 px，高度不限，有效可视区的宽度为 950 px ~ 1200 px，具体尺寸根据客户要求和用户群决定。

首屏高度为 700 px ~ 750 px，主体内容区域约为 1200 px。

一般文档建立时，文件宽度为 1920 px，高度不限，RGB 颜色模式，分辨率为 72 ppi。

1.3.2　网页字体规范

中文常用字体：宋体 – 字体样式（无）、微软雅黑 – 字体样式（Windows LCD）、苹方（Mac）。

英文常用字体：Times New Roman、Arial、Sans。

中英文常用字体规范如表 1–3–1 所示。

表 1-3-1　中英文常用字体规范

中文字常用字号	英文字常用字号	段落字体格式
导航：14 px、16 px、18 px、20 px	标题和内容文字：10 px ~ 16 px	对齐方式：两端对齐，末行左对齐 首行缩进：2 个字符
正文：12 px、14 px	中英文结合最小：12 px	行间距：字号的 1.5 ~ 2 倍之间 段后空格：字号的 1.5 ~ 2 倍之间
标题：22 px、24 px、26 px、28 px、30 px	全英文网站最小：10 px（如底部信息）	字间距：0、视觉
辅助信息：12 px、14 px	—	间距组合：根据情况设定

1.3.3　网页常见板块划分

网页常见板块划分如表 1–3–2 所示。

表 1-3-2　网页常见板块划分

板块	承载的内容
头部区域	品牌标识、主导航、搜索、注册、登录、版本等信息
主视觉区	展示公司品牌形象、新品宣传、主题活动等轮播大图
主要内容区	新闻动态、产品与服务、公司介绍等
底部信息区	网站地图、联系方式、版权信息、ICP 备案号等信息

1.3.4 常见的网页布局

1. 网页布局的原则

网页布局的原则包括协调、一致、流动、均衡、强调等。另外，在进行网页布局设计的时候，设计人员需要考虑网站页面的醒目性、创造性、造型性、可读性和明快性等。

（1）协调：将网页中的每一个构成要素有效地结合或者联系起来，给用户呈现一个既美观又实用的网页界面。

（2）一致：网页的各个构成部分要保持统一的风格，要在视觉上整齐、一致。

（3）流动：网页布局的设计能够让浏览者跟着自己的感觉走，并且页面能够根据浏览者的兴趣连接到其感兴趣的内容上。

（4）均衡：网页布局设计的排列要有序，同时要能保持页面的稳定性，这样可以适当地加强页面的适用性。

（5）强调：在不影响整体设计的情况下，可以把页面中想要突出展示的内容用色彩搭配或者留白的方式最大限度地展示出来。

2. 网页布局的形式

不同类型的网站、不同类型的页面往往有不同的布局。常见的布局形式为一栏式、两栏式、三栏式。

1）一栏式

一栏式布局的页面较简单、视觉流程清晰，便于用户快速定位，如图 1-3-1 所示，但是由于排版方式的限制，这种形式只适用于信息量少、相对比较独立的网站。一栏式的用户界面通常会通过大幅精美图片或者交互的动画效果来呈现强烈的视觉冲击效果，从而给用户留下深刻的印象，提升品牌影响力，吸引用户进一步浏览。由于一栏式用户界面信息展示量有限，一般需要在首页中添加导航或者重要入口的链接等。

▲ 图 1-3-1　一栏式布局

2）两栏式

两栏式是最常见的布局方式之一，相对于一栏式来说，可以容纳更多的内容，但是两栏式不具备一栏式布局的视觉冲击效果，一般可以将其细分为左窄右宽、左宽右窄、左右均等三种形式。两栏式布局的页面通过不同的布局比例和位置影响用户浏览的视觉流和页面的整体重点。

（1）左窄右宽。在左窄右宽的布局中，通常左边是导航，右侧是网页的主要内容，如图1-3-2 所示。用户的浏览习惯通常是从左到右、从上至下，因此这类布局的页面更符合操作流程，能够引导用户通过导航查找内容，使操作更加具有可控性，适用于内容丰富、导航分离清晰的网站。

▲ 图 1-3-2　左窄右宽布局

（2）左宽右窄。在这种布局中，内容在左侧，导航在右侧，这种结构能够突出内容的主导位置，引导用户把视觉焦点放在主要内容上，然后才去引导用户关注更多的信息，如图1-3-3 所示。一些检索网站常采用左宽右窄的布局，在左侧重点突出搜索的信息，在右侧放次要信息和广告，体现出信息的主次。

▲ 图 1-3-3　左宽右窄布局

（3）左右均等。这种网页左右两侧的比例相差一般比较小或者完全一致，适用于两边的信息重要程度均等的情况，不体现内容的主次，如图 1-3-4 所示。

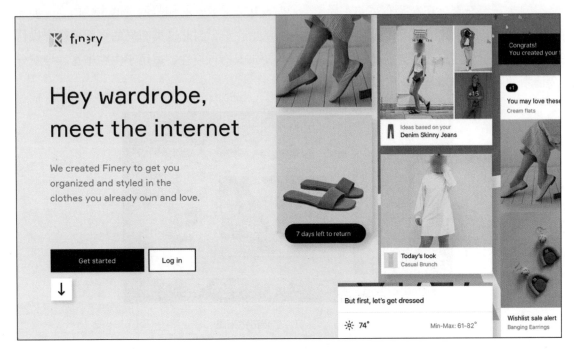

▲ 图 1-3-4　左右均等布局

3）三栏式

三栏式的布局方式对内容的排版更加紧凑，可以更充分地利用网站空间，尽可能多地展示信息内容，如图 1-3-5 所示，通常用于信息量非常大的网站。门户网站、电商网站、学习类网站等常用三栏式布局。

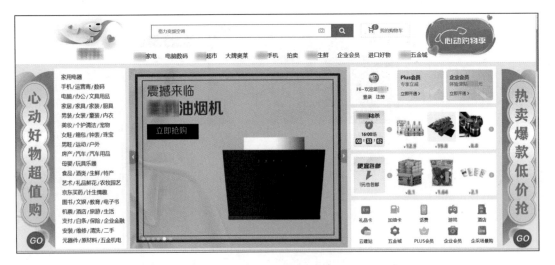

▲ 图 1-3-5　三栏式布局

知识链接

UI 行业的发展趋势

随着 5G 时代的到来，各种智能化产品层出不穷。作为用户与产品沟通的桥梁，UI 设计也迎来了更加广阔的发展空间，出现了如人工智能产品界面设计、AR 产品界面设计和 VR 产品界面设计等新方向，下面分别进行简单介绍。

1. 人工智能产品界面设计

人工智能是计算机科学的一个分支，一般是指通过普通计算机程序来呈现人类智能的技术。人工智能产品是指通过人工智能技术所制造出的产品，包括智能家居产品、智能导航产品、智能穿戴产品、智能游戏机等。这些智能产品为我们的生活带来了极大的便利，其界面展示也非常重要，是 UI 设计的重点发展方向之一。

2. AR 产品界面设计

AR（augmented reality，增强现实）产品是指以 AR 技术为基础设计的现代化产品，能带给用户一种沉浸式的体验。随着人工智能及大数据等科技产业的持续发展，AR 技术将会极大地改变人们的生活、工作和学习方式，进入更多应用领域，如医疗、服饰、游戏、教育、工业、家居、旅游等。对于 UI 设计人员来说，AR 产品的界面设计主要包括整体界面的排版和布局设计、功能按钮设计、图标设计等，其界面效果和交互方式都比较精简、直观，能给用户一种沉浸式的交互体验。同时，该界面既可以在移动端电子产品中进行展示，也可以在 PC 端电子产品中进行展示。

3. VR 产品界面设计

VR（virtual reality，虚拟现实）产品是指以 VR 技术为基础设计的现代化产品。随着 VR 产品的增多和技术的发展，其市场需求将不断扩大。对于 UI 设计人员来说，VR 产品界面设计主要是将环境与交互元素进行有机结合，让用户能够沉浸在设计人员为其创造的虚拟场景中。

1.4　实训 1　分析大型移动端游戏界面的 UI 设计原则

本部分对某大型移动端游戏的界面进行赏析，如图 1-4-1 所示，主要目的是分析该界面的设计原则，该实训内容能够让我们更加了解 UI 设计。

▲ 图 1-4-1　某大型移动端游戏界面

分析思路如下。

（1）该界面设计遵循了适用性原则。通过观察可以发现导航栏在界面的右侧，符合用户日常的操作习惯，体现了实用功能的适用性。该设计以《千里江山图》中不同的经典场景为创作蓝本，采用横版平面视角与 3D 自由大视角结合的方式，为用户带来了"如入画境"的体验。在设计上也降低了游戏的操作复杂性及解谜难度，让用户可以更纯粹地享受游戏过程。淡雅的画风、神秘的故事和动人的音乐既满足了用户独特的审美需求，又体现了审美功能的适用性。

（2）该界面设计遵循了统一性的原则。该界面设计以矿物颜料的石青色和石绿色为主，文字、按钮、图片等元素看上去用了同一级别的色彩，大小也均保持了统一，如"收集物品"按钮。

（3）该界面设计遵循了易操作性原则。该界面中的每个板块都有相应的按钮，降低了用户使用产品的差错率。

（4）该界面设计遵循了层级性原则。该界面的层级性原则主要表现在导航栏中，如导航栏中的物品与子导航栏中的物品大小明显不同，视觉层次感非常明显，让用户有浏览的重点。

> **知识链接**
>
> ### 《千里江山图》
>
> 《千里江山图》是中国十大传世名画之一。北宋王希孟创作了这幅绢本设色画，该画现收藏于北京故宫博物院。该作品是长卷形式，立足传统，画面细致入微，烟波浩渺的江河、层峦起伏的群山构成了一幅美妙的江南山水图，渔村野市、水榭亭台、茅庵草舍、水磨长桥等静景穿插在捕鱼、驶船、游玩、赶集等动景中，动静结合恰到好处。该作品在人物、动物的刻画上极其精细，人物意态栩栩如生，飞鸟也都呈展翅翱翔的姿态。

1.5　实训 2　服装类电商 App 产品策划

衣橱 App 是一款专注于年轻服饰的垂直类电商 App，其界面设计简洁、大方、得体，如图 1-5-1 所示。

▲ 图 1-5-1　衣橱 App 界面

1.5.1　产品定位

1. 产品简介

衣橱是一款专注于中国女性服装及周边的 App，以青春活力风格的服装为主要售卖类型，每一件衣服都既是设计师的自我表达，又是设计师为用户精心定制的。

2. 用户群体

衣橱 App 定位的目标用户群体有两种：第一种是 20 ~ 35 岁的用户人群，这个年龄段的用户都属于具有青春活力的时尚人群，但收入又不是很高；第二种是喜欢穿搭的人群，他们追求个性又想凸显内涵。

3. 用户目标

衣橱 App 的用户目标是帮助用户追赶时尚潮流、张扬青春活力，让用户追求个性的同时凸显内涵。

1.5.2　用户画像

阿文：25 岁，女，设计工作者。

特征：喜欢时尚元素，追求个性，喜欢与众不同而又不失潮流。

使用场景：生活中、工作中。

用户故事：阿文是一名设计工作者，年收入 15 万元，喜欢打扮自己，但又不喜欢跟随大众审美，追求个性，想要一款可以私人定制服装的 App。

1.5.3 竞品分析

对市场上的三种同类 App 竞品（图 1-5-2）进行分析，针对这三种同类 App 的优势与劣势，得出衣橱 App 面临的机会与挑战，如表 1-5-1 所示。

良仓　　　　　　　　　严选　　　　　　　　　天猫

▲ 图 1-5-2　三种同类 App 竞品

表 1-5-1　竞品分析情况

项目	优势	劣势	衣橱	
			机会	挑战
良仓	界面简洁，给人干净爽快的感觉	部分功能不够突出	风格不一样，人群定位不一样	要区别于其他 App，更要在其视觉上超越其他 App
严选	简约风格，使用简单，配色好看	不能私人订制、字体太纤细	可私人定制，给每一位用户个人专属定制	进步空间大
天猫	品类较多，有丰富的选择	页面比较繁杂，易产生选择困难	做一个小而美的 App	品类较少，可选择较少

说明：设计是艺术和创造的过程，其无严格的优劣之分，此处所述"优劣"仅为编者观点，不代表任何其他组织和个人。

1.5.4 设计规范

为提高视觉识别性，衣橱 App 中的所有图标都采用了圆角过渡，可以让用户产生亲和的感觉。为了突出品牌的调性，其图标设计都以简洁、冷淡的风格为主。底部标签栏（tab bar）被选中与未被选中的颜色不同，易于识别，如图 1-5-3 所示。

首页　　　　　　　　找档口　　　　　　　　购物车　　　　　　　　我的

▲ 图 1-5-3　衣橱 App 底部标签栏图标设计

1.5.5　颜色规范

衣橱 App 的界面设计以黑、白、灰为主色调，为增加高级感，以黄色作为辅助色的同时，增加了红色作为点缀色，给界面增添了个性，如图 1-5-4 所示。

#ff456c　　　　　　#f01836　　　　　　#f01836　　　　　　#f2aa43　　　　　　#f93437

▲ 图 1-5-4　衣橱 App 界面颜色规范

1.5.6　字体规范

字体不仅是字体，它更是用户界面设计的重要组成部分。好的字体排版会建立强大的视觉层次，为网站提供图形平衡，还可以统一产品的整体色调。不同的字体可以指导用户操作并告知其相关信息，提高可读性和可访问性，优化用户体验。常用的字体规范如表 1-5-2 所示。

表 1-5-2　常用的字体规范

字号	字重	用处
90	特粗	大标题
66	粗体	小标题
45	粗体	文案标题
40	中等	文案内容
40	粗体	一般辅助性文字
30	粗体	底部辅助性文字

1.5.7　实战演练

学习了服装类电商 App 界面设计的产品策划后，请完成一个菜谱类 App 界面的产品策划，更深层次地理解 UI 设计规范及产品策划。

可以运用前面所学的内容，在运用设计理念和制作规范的同时，确保作品的美观，这样才能满足开发人员的要求。图 1-5-5 仅供参考。

▲ 图 1-5-5　菜谱类 App 界面

第二部分
界面设计要素实战

　　对于刚开始学习 UI 设计的新人而言，打下良好的基础非常重要。
本部分将会对界面设计中的基本要素进行讲解，如图标、按钮、表单
控件及导航控件，还会系统地介绍界面设计的构图和色彩标准及规范。

第2章　图标设计

制作图标是一个入门级 UI 设计人员的必备技能之一。图标是界面中非常重要的组成部分，在实际工作中，即便是一些工作多年且有一定经验的设计人员，也很难保证自己设计的图标是完美的。不同位置的图标在界面中所起到的作用不同，风格也不同，其设计思路更是有所区别。

设计人员想要用图标准确地表达出实际含义，仅仅学其"形"是不够的，更需要对图标有较为全面、系统的认识。本章将介绍图标设计的具体方法和要点，帮助大家解决图标设计过程中的一些常见问题，让图标设计有章可循。

| 学习目标 |

知识目标

（1）掌握图标的基本特征和分类。

（2）了解图标的作用。

（3）掌握图标的运用场景和设计原则。

能力目标

（1）能够运用钢笔工具绘制图形。

（2）能够运用 Adobe Photoshop 中布尔运算制作图标。

（3）能够合理地运用图层完成图片制作。

（4）能够运用图层样式给图形添加效果。

素质目标

（1）养成作为 UI 设计人员的职业素养，遵循职业道德标准。

（2）树立工匠精神、创新精神、团队合作精神。

（3）通过中华优秀传统文化案例，增强文化自信。

2.1　图标的基础知识

图标是一种具有高度概括性的图形化标识，在界面中与文案相互支撑、搭配使用，能隐晦或直白地表达内容的具体含义、属性特征、形象气质等丰富的视觉信息。

从概念上来讲，图标可分为广义、狭义两种。广义上的图标指的是现实生活中有明确指向含义的图形符号，而狭义的图标指的是设备界面中的符号，这些设备泛指承载互联网产品的载体，如手机、电脑、平板电脑等。UI 设计中的图标是狭义概念上的图标。

图标设计是一门学问，我们通常将图标理解为某个概念的抽象图形。设计人员可以通过设计清晰易懂的图形传达出比文字更高效率的信息，同时提升界面的美观程度，其过程如图 2-1-1 所示。要想将图标设计得更加出色，则需要频繁练习、不断试错、持续探究并尝试新的风格，所以我们需要花费大量的时间去钻研和练习。

▲ 图 2-1-1　图标设计过程

2.1.1　图标的基本特征

一个界面是由文字、图标、几何图形、图片（或音频、视频）组成的，从 UI 设计人员的角度来说，文字、几何图形和图片（或音频、视频）设计大多用到的是排版技巧，而图标设计则需要有绘制、创作，在没有图标的情况下，纯文字也可以代替它的功能，可为什么还要费力费时地设计图标呢？原因主要有以下两点。

（1）图标是一种图形符号，与复杂的文字相比，它在识别效率上有着先天的优势。根据语种、长短的不同，文字所占用的界面空间资源也不同，文字较多会大大降低用户的浏览速度和信息的传达效率，而图标能够将文字信息进行浓缩。好的图标不仅易于识别，且能让界面更加简洁。所以，我们常见的图文结合界面绝大多数都是图标在上、文字在下，或者图标在左、文字在右的，这些设计足以说明图标视觉传达的优先级高于文字，如图 2-1-2 所示。

界面 1

界面 2

▲ 图 2-1-2　旅游类 App 界面

（2）不同风格、样式的图标能让界面看起来更美观，提高用户的视觉舒适度。设想一下，如果界面没有任何图标的点缀，用户即便能使用，看多了也会感觉枯燥无味，而且全部靠文字来理解内容还容易引起用户视觉疲劳。如图 2-1-3 所示为有无图标 App 界面对比。

金刚区去掉图标后，页面缺少图标点缀也会显得很枯燥，如图 2-1-4 所示。

有图标　　　　　　　　　　　　　　　无图标

▲ 图 2-1-3　有无图标 App 界面对比

文字 + 图标　　　　　　　　　　　　　纯文字

▲ 图 2-1-4　金刚区有无图标对比

2.1.2　图标的分类

图标通常分为两种：一种是应用图标，也就是我们在手机主屏幕或电脑屏幕上看到的图标，我们单击应用图标后可以进入对应的应用程序中；另一种是功能图标，这类图标存在于应用程序界面中，代替文字承担一定的功能。

1. 应用图标

应用图标担任着品牌标识的工作，相当于产品的 logo 设计，需要融入品牌个性。如图 2-1-5 所示分别为抖音、支付宝、微信、淘宝的应用图标，通过应用图标，用户可以大概知晓这个产品的主营业务。

| 抖音 | 支付宝 | 微信 | 淘宝 |

▲ 图 2-1-5　应用图标

应用图标按照设计风格类型又可以分为文字图形风格、动物图形风格、标识图形风格、功能图形风格。

1）文字图形风格

文字图形风格的图标通常以变形后的中文或字母作为图形的主要元素。中文文字不能超过两个，英文通常为首字母，整体气质要符合产品的个性，如图 2-1-6 所示。

| 今日头条 | 淘宝 | 网易邮箱大师 | 酷狗音乐 |

▲ 图 2-1-6　文字图形风格图标

今日头条是一款新闻 App，其图标是一张报纸上有红色的头条标题，"头条"两个字用了较为粗犷的黑体，既显眼又有张力。

淘宝是一款线上购物平台，它以一个俏皮的"淘"字为主体元素，用热情的橘色作为背景色，体现了其电商的属性。

网易邮箱大师是一款邮箱管理工具，以变形后的"邮"字为主体元素。

酷狗音乐以其拼音首字母"K"为主元素，以科技蓝为背景色。

2）动物图形风格

动物图形风格的图标通常用动物形象作为图形的主要元素，表现手法不限，可以是轻拟物的，也可以是扁平类的，具体可以根据产品受众的喜好来决定，如图 2-1-7 所示。

京东　　　　　　网易考拉海购　　　　　QQ

▲ 图 2-1-7　动物图形风格图标

京东是一款线上购物 App，用电子狗的卡通形象作为图标的主体元素。

网易考拉海购是一款跨境购物 App，用考拉的卡通形象作为图标的主体元素。

QQ 是一款互联网即时通信软件，用卡通企鹅形象作为图标的主体元素。

3）标识图形风格

标识图形风格的图标通常是简洁的图形，利用正负形和隐喻的设计手法来表现，观赏性较强，能够迅速地吸引用户的注意力，如图 2-1-8 所示。

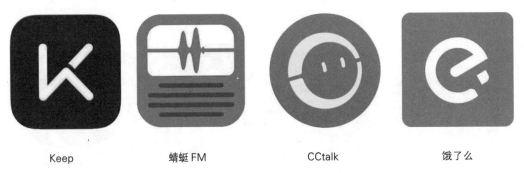

Keep　　　　　　蜻蜓 FM　　　　　　CCtalk　　　　　　饿了么

▲ 图 2-1-8　标识图形风格图标

Keep 应用图标的主体是一个 "K" 字，像一个正在做抬腿动作的人。

蜻蜓 FM 应用图标的主体是一个收音机，设计人员把收音机上面的频率振幅设计成了蜻蜓的造型。

CCtalk 应用图标的主体是 "C" 字，中间加了两点作为眼睛，像一个有趣的小人头像。

饿了么应用图标的主体是拼音首字母 "e"，末尾加了一点，倾斜 37° 后像一个张嘴吃东西的小人。

4）功能图形风格

功能图形风格的图标通常能直接表达应用程序功能的含义，用户在看到图标后，能够马上明白这个应用程序的功能和定位，如图 2-1-9 所示。功能图形风格图标通常适用于工具类 App。

| 微信 | QQ 音乐 | 百度地图 |

▲ 图 2-1-9　功能图形风格图标

微信是一款即时通信软件，图标为两个信息对话气泡，直观地体现了产品本身的功能定位。

QQ 音乐是一款网络音乐软件，图标直接采用音符造型，直观明了。

百度地图是一款地图导航软件，图标采用地图和定位元素相结合的方式，让产品功能一目了然。

2. 功能图标

功能图标是应用程序界面中重要的组成部分，其作用是替代文字或辅助文字引导用户。例如，微信主页面右上角的加号图标是"添加朋友"的入口。

功能图标从设计风格上可以分为线性图标、面性图标、线面图标。

1）线性图标

线性图标主要通过线条的形式来表现，在绘制线性图标时要使用粗细统一的线条，如图 2-1-10 所示。

▲ 图 2-1-10　线性图标

2）面性图标

面性图标主要通过面的形式来表现。面性图标在视觉上占比较大，具有较强的视觉表现力，适合作为界面的主要功能入口，如图 2-1-11 所示。

▲ 图 2-1-11　面性图标

3）线面图标

线面图标主要通过线面结合的形式来表现。一般采用线条构型、内部填充颜色的形式，如图 2-1-12 所示。

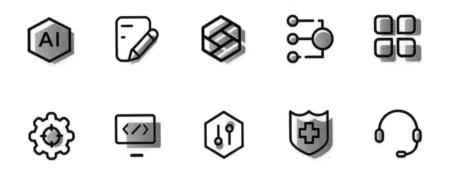

▲ 图 2-1-12　线面图标

2.1.3　图标的运用场景

运用场景一般是在确定设计风格后才选择的。运用场景中使用的图标应风格一致，而判断风格的方法就是看图标设计风格分类和绘制原则。

图标主要运用的场景分为五种：顶部导航栏、底部标签栏、金刚区、分类列表、交互功能区。为了便于大家理解，此部分分别以京东 App 界面和支付宝 App 界面为例介绍图标的运用场景。

1. 顶部导航栏

用户界面顶部要以轻便为主，不宜过重，图标使用也以简洁为主，不能太抢眼。这里的图标主要起到便捷引导的作用，如图 2-1-13 所示。

▲ 图 2-1-13　顶部导航栏

2. 底部标签栏

底部标签栏位于界面底部，方便用户进行页面切换。底部标签栏的图标数量一般应控制在 3 ～ 5 个，采用图标结合文字的方式体现产品功能，如图 2-1-14 所示。

▲ 图 2-1-14　底部标签栏

3. 金刚区

金刚区之所以称之为金刚区，是因为它一般位于主页的中部位置，在横幅广告（banner）或搜索栏之下，它占用了大概 22% ～ 25% 的首屏空间，是产品主要功能区的核心集中位置，为子板块做引流。据统计，40% ～ 58% 的用户流量都来自金刚区。金刚区常采用图标结合文字的方式体现产品功能，如图 2-1-15 所示。

▲ 图 2-1-15　金刚区图标

4. 分类列表

分类列表常见的有宫格分类列表和列表流列表，如图 2-1-16 所示。不管是宫格排列还是列表流排列，页面设计风格都应统一，能准确传达信息，便于用户定位和操作。

宫格分类列表   列表流列表

▲ 图 2-1-16　宫格分类列表与列表流列表

5. 交互功能区

交互功能区是交互性图标使用最多的地方，交互功能区一般有收藏、点赞、刷新、搜索等按钮。

2.1.4　图标设计的作用

1. 优化产品，无需更多注释

我们在日常生活中可以发现，图标若可以向用户传达出更多、更精准的含义，就不需要那么多文字注释。而且，运用图标会让整体设计显得更简洁，使产品的逻辑更清晰，从而可以有效地优化用户的产品体验。

2. 快速理解，视觉体验更好

在很多时候，用户一看到图标就能知晓其中的含义，而不需要看介绍。运用图标有助于使用户快速理解，视觉体验好过于纯文字的表达。例如，天气软件的图标一般会用云朵或太阳的造型，不需要看文字注释，人们单凭惯性思维便能了解其功能。

3. 易形成统一的品牌形象

图标有很多种表现手法，每种设计的手法都可以塑造统一的品牌形象。我们之所以制定设计规范，保证产品风格统一，就是因为统一的图标设计更容易产生更佳的品牌传播效果。

综上所述，图标设计之所以能够在用户群体中取得较高的关注度，不仅是因为它能够在一定程度上优化产品，而且是因为图标具备更强的易理解性。除此之外，图标设计也更容易形成统一的品牌形象。

图标是如今用户界面中导航体系的核心组件。图标设计的主要作用有装饰、表意、增加趣味、品牌宣传。出色的图标设计可以让界面的表达更加精致、有趣，并且具有高度浓缩、快速传达信息和便于用户记忆的特点。

一般而言，图标是具有高度概括性的、用于视觉信息传达的小尺寸图像。图标可以传达出丰富的信息，并且常常和文本相互搭配使用，两者互相支撑，或隐晦或直白地共同传递出设计人员想体现的意义、特征、内容和信息。在数字设计领域，图标作为网页或用户界面中的象形图和表意文字，是确保界面可用性的基础部件，也是达成人机交互这一目标的有效途径。

2.1.5　图标设计的原则

1. 识别性

图标的存在主要是为了快速传递信息，不能让其成为无用的装饰品。随着互联网的普及、时间的积累，人们对一些线上图标所传达的信息早已形成惯性思维，所以我们设计的图标必须符合用户的认知，能让用户快速理解，即便出现个别特殊情况，也要用文字清楚地标注说明，否则一旦让用户产生了疑惑，图标就起了负面作用，会在很大程度上影响用户的使用体验。符合大众认知的图标能让用户下意识地理解且更能接近用户的心理预期，减少其学习成本，提升使用效率。如图 2-1-17 所示为具有识别性的图标。

▲ 图 2-1-17　具有识别性的图标

2. 简洁美观

图标将现实世界中的事物用抽象的图形表现出来，如果过于追求完美而设计得太复杂反而起不到图标应有的作用，所以设计时不能过度展现真实物品的细节。正确而不失真的图标既能用于传递信息，又便于用户快速且清晰识别。如图 2-1-18 所示为简洁美观的图标。

▲ 图 2-1-18　简洁美观的图标

3. 视觉对齐

为确保视觉平衡，异形元素在使用系统自动对齐后，会有一定的偏差，需手动微调进行视觉对齐。

4. 保持一致

针对大型项目，要想整个单元的图标更加和谐、保持相同的样式且不违背设计原则着实不易，尤其是在多人合作完成设计的情况下，事先有一个清晰的设计原则和规范是必不可少的。图标都有着对应的视觉重量，如描边粗细、填充模式、繁简程度等，设计人员需要做的就是控制好这些关键因素，让整体设计的视觉重量看起来相同且能相互关联组合到一起，保持所有图标的一致性。如图 2-1-19 所示为设计风格一致的图标。

▲ 图 2-1-19　设计风格一致的图标

5. 最小间隙

单个图标内的各元素之间要有呼吸感，需要适当地留白，如果描边过大，整个图标看起来会很模糊或臃肿不堪，如果存在类似问题，可通过降低描边值或降低图标的复杂程度来解决。

6. 使用 2 的倍数

以偶数为单位的设计便于数据的计算（2 的倍数），如正负形间距、描边值等。在 iOS@2× 设计下，@1× 也不会出现小数点。在移动端设计中，最小的图标为 24 px，可被 2、3、4、6、8、12 整除，也是可以被整除最多的数值，因此，可以对它进行灵活地等比例缩放，如图 2-1-20 所示。

| 2 | 3 | 4 | 6 | 8 | 12 |

▲ 图 2-1-20　移动端图标倍数

7. 延展性

即便做好了前面的一切工作，图标设计工作也并未完成，还需要持续测试图标的可用性，做好后续的完善与优化，以确保上线后的效果和后续的迭代。

2.2　实训 1　临摹微信图标

2.2.1　实训示例

请临摹微信图标，如图 2-2-1 所示。

▲ 图 2-2-1　微信图标

微信

微信是腾讯公司于 2011 年 1 月 21 日推出的即时通信软件。"微信"一名出自李白的《梦游天姥吟留别》:"海客谈瀛洲,烟涛微茫信难求。"设计者效仿"众里寻他千百度",采用"微信"二字,以求让用户纵然"烟涛微茫"信亦"易求"。

从核心 logo 的设计来看,微信采用一左一右两个卡通化的对话框图标,恰当地体现了软件的基本功能——交流。同时,绿色的背景色产生的填充效果让整个微信标志显得醒目而与众不同。微信图标也从侧面揭示了其创立时的宣传效果——便捷、时尚、免费。

2.2.2 技术储备

运用形状工具可绘制各种基本形状。Adobe Photoshop 共有六种基本形状和若干扩展形状,如图 2-2-2 所示。

属性栏中运用形状工具的情况有以下几种。

(1)形状图层:可绘制填充前景色的路径并自动生成形状图层。若想将形状图层转换为普通图层,可以将光标放到图层上右击,选择"栅格化图层"。

(2)路径:可以绘制路径。

▲ 图 2-2-2 Adobe Photoshop 的形状工具

(3)填充像素:可绘制自动填充前景色的图形。

(4)自定义形状:首先绘制一条闭合路径,之后选择"编辑"→"自定形状工具"。

2.2.3 实训演示

(1)按"Ctrl+N"组合键,创建一个 800 px × 800 px、分辨率为 72 ppi、颜色模式为"RGB 颜色"的白色背景文件,如图 2-2-3 所示。

(2)按"Ctrl+R"组合键,调出标尺,用移动工具在标尺上拖拽出辅助线,如图 2-2-4 所示。

微信图标制作

▲ 图 2-2-3 新建文件

▲ 图 2-2-4 调出标尺并拖拽出辅助线

（3）选择"圆角矩形工具"，按"Alt+Delete"组合键填充前景色（#459d38），倒圆角半径为 100 px，描边也可以设置相同的绿色或者设置为空，绘制出效果，如图 2-2-5 和图 2-2-6 所示。

（4）在绿色背景上，选择"椭圆工具"，填充颜色为白色，绘制白色椭圆图形，作为对话气泡，也可以用"移动工具"调整其位置，如图 2-2-7 所示。在白色椭圆图层上右击，复制出一个相同的图层，并移动其位置，按"Ctrl+T"组合键自由变换，拖拽手柄缩小当前图层，如图 2-2-8 所示。

▲ 图 2-2-5　背景的设置圆角矩形

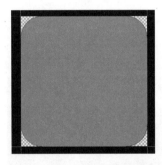

▲ 图 2-2-6　绘制出图标背景　　▲ 图 2-2-7　绘制白色椭圆图形　　▲ 图 2-2-8　复制椭圆图层

（5）在当前图层选中时，选择"椭圆工具"，在属性栏中描边颜色也为绿色（#459d38），描边粗度为 8 px，如图 2-2-9 所示。

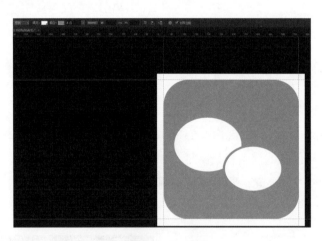

▲ 图 2-2-9　描边

需要注意的是，选择"移动工具"的时候，在画面上右击，选择的图层就会依次排列，最上面的图层就是当前要选择的图层。

（6）选择"椭圆工具"，填充颜色为绿色（#459d38），不设置描边，按"Shift"键，绘制出一个椭圆，作为眼睛，如图 2-2-10 所示。再用复制图层的方式复制其他眼睛，并调整其位置，如图 2-2-11 所示。

▲ 图 2-2-10　绘制眼睛

▲ 图 2-2-11　复制并调整眼睛

（7）选择"钢笔工具"，填充颜色为白色，在属性栏选择"形状"，在画面上依次绘制三角形，如图 2-2-12 和图 2-2-13 所示。

（8）另一个三角形可以依上一步的方法进行绘制，完成效果如图 2-2-14 所示。

▲ 图 2-2-12　钢笔属性

▲ 图 2-2-13　一个三角形效果

▲ 图 2-2-14　三角形完成效果

（9）按"Ctrl+S"组合键，将文件保存为 JPG 格式，如图 2-2-15 所示。

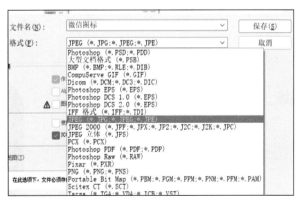

▲ 图 2-2-15　保存为 JPG 格式

2.2.4 评价与思考

本部分内容主要讲解了运用 Adobe Photoshop 软件中的形状图层临摹微信图标，大家也可以试试运用选区来绘制。想一想运用选区绘制与用形状图层有什么不同。

学完本部分内容后，你有什么收获呢？请根据自己的学习情况填涂评价表 2-2-1。

表 2-2-1 评价表 1

评价内容	评价要点	自我评价	小组评价	教师评价
参与态度	团队合作配合程度	☆ ☆ ☆ ☆ ☆	☆ ☆ ☆ ☆ ☆	☆ ☆ ☆ ☆ ☆
	时间分配是否合理	☆ ☆ ☆ ☆ ☆	☆ ☆ ☆ ☆ ☆	☆ ☆ ☆ ☆ ☆
	实训过程中的态度	☆ ☆ ☆ ☆ ☆	☆ ☆ ☆ ☆ ☆	☆ ☆ ☆ ☆ ☆
操作能力	能在规定时间内完成所有的实战操作	☆ ☆ ☆ ☆ ☆	☆ ☆ ☆ ☆ ☆	☆ ☆ ☆ ☆ ☆
	运用形状工具制作图形，文件制作精细程度	☆ ☆ ☆ ☆ ☆	☆ ☆ ☆ ☆ ☆	☆ ☆ ☆ ☆ ☆
	文件尺寸、色彩模式、分辨率是否符合制作要求	☆ ☆ ☆ ☆ ☆	☆ ☆ ☆ ☆ ☆	☆ ☆ ☆ ☆ ☆
	整体布局要求严谨，色彩、位置关系是否使用合理	☆ ☆ ☆ ☆ ☆	☆ ☆ ☆ ☆ ☆	☆ ☆ ☆ ☆ ☆
职业素养	能良好地表达自己的观点，善于倾听他人的观点	☆ ☆ ☆ ☆ ☆	☆ ☆ ☆ ☆ ☆	☆ ☆ ☆ ☆ ☆
	能主动用不同方法完成项目，分析哪种方法更适合	☆ ☆ ☆ ☆ ☆	☆ ☆ ☆ ☆ ☆	☆ ☆ ☆ ☆ ☆
	主动向他人学习	☆ ☆ ☆ ☆ ☆	☆ ☆ ☆ ☆ ☆	☆ ☆ ☆ ☆ ☆
	提出新的想法、建议和策略	☆ ☆ ☆ ☆ ☆	☆ ☆ ☆ ☆ ☆	☆ ☆ ☆ ☆ ☆
实践创新	在完成项目的前提下具有创新意识，有能力结合实际找到新的解决问题的办法	☆ ☆ ☆ ☆ ☆	☆ ☆ ☆ ☆ ☆	☆ ☆ ☆ ☆ ☆
自我反思与评价				

2.2.5 实战演练

临摹完微信图标后，完成抖音图标的临摹，注意圆角的处理。抖音图标如图 2-2-16 所示。

▲ 图 2-2-16 抖音图标

2.3　实训 2　制作扁平化京剧脸谱图标

2.3.1　实训示例

本部分是要把脸谱改为一个启动图标，需要将客观存在的具象形态进行艺术处理和加工，创造出一种简洁、醒目，并且能够准确传达其特定信息的视觉符号，如图 2-3-1 和图 2-3-2 所示。所以，在设计时必须对具体对象进行高度浓缩与精炼、概括与简化，抓住其精神内涵。脸谱图标如图 2-3-3 所示。

▲ 图 2-3-1　京剧脸谱　　　　▲ 图 2-3-2　简化脸谱图　　　　▲ 图 2-3-3　脸谱图标

知识链接

京剧脸谱

京剧脸谱运用了一种具有中国文化特色的特殊化妆方法。关于脸谱的来源，一般的说法是其来自假面具。京剧脸谱艺术是广大戏曲爱好者非常喜爱的一门艺术，在国内外都很流行，已经被公认为是中国传统文化的标识之一。

京剧脸谱能体现出戏剧人物的面貌、性格、身份和年龄特点，因此其不仅具有塑造人物个性的艺术价值和辅助表演、夸张人物的作用，而且还有分善恶、辨忠奸、寓褒贬的评议功能。一般来说，京剧中的脸谱主要有以下特点：美与丑统一于一体；与角色的性格关系密切；图案程式化。

2.3.2　知识储备

1. 扁平化设计风格的概念

扁平化设计风格也称"简约设计风格""极简设计风格"，它的核心就是去掉冗余的装饰，摒弃能造成透视感的高光、阴影等，多使用抽象、简化、符号化的设计元素，如图 2-3-4 所

示。用户界面上也使用扁平化设计风格，采用抽
象的方法，使用矩形色块、大字体，增强了光滑
感、现代感。扁平化风格与拟物化风格形成鲜明
对比，扁平化在移动系统上不仅使界面美观、简
洁，而且能降低设备功耗，延长待机时间，提高
运算速度。

2. 扁平化设计的原则

扁平化设计虽然简单，但也需要技巧，否则

▲ 图 2-3-4　扁平化设计风格图标 1

整个设计会因为过于简单而缺乏吸引力，甚至丧失个性，不能给用户留下深刻的印象。扁平
化设计需要遵循以下原则。

1）拒绝使用特效

从扁平化设计风格的定义可以看出，扁平化设计属于极简设计，力求去除冗余的装饰，
在设计上追求二维效果，所以在设计时要去掉大量的修饰，如阴影、斜面、浮雕、渐变、羽
化等，远离写实主义，通过抽象、简化或符号化的设计手法将对象表现出来，如图 2-3-5
所示。

2）使用极简的几何元素

在扁平化设计中，按钮、图标等的设计多使用简单的几何元素，如矩形、圆形、多边形
等，设计理念整体上趋近极简主义。扁平化设计主张通过简单的图形达到设计目的，对于相
似的几何元素可以用不同的色彩填充以示区别，同时简化按钮和选项，以追求极简效果，如
图 2-3-6 所示。

▲ 图 2-3-5　扁平化设计风格图标 2　　　　　　▲ 图 2-3-6　扁平化设计风格图标 3

3）注意色彩的多样性

在扁平化设计中，颜色的使用是非常重要的，设计人员应力求色彩鲜艳、明亮，在选色
上要注意颜色的多样性，以更多、更炫丽的颜色来划分不同的界面，以免给用户带来平淡的
视觉感受，如图 2-3-7 所示。

▲ 图 2-3-7　扁平化设计风格图标 4

2.3.3　技术储备

绘制扁平化设计风格的图标要用到"钢笔工具"，用它来绘制直线及曲线的路径。

（1）直线的绘制：两点确定一线。

（2）曲线的绘制：曲线的绘制有三个要素。一是锚点，它是生成曲线的基本单位。二是控制线，主要用来控制曲线的延伸方向。三是控制点，控制的是点与点的位置关系。

使用方法：单击第一个锚点，拖拽控制线的方向为第一条曲线的延伸方向；单击第二个锚点，拖拽控制线的方向为第一条曲线的反方向，为第二条曲线的延伸方向。

2.3.4　实训演示

（1）新建一个 800 px × 800 px、分辨率为 72 ppi、RGB 颜色模式的白色背景空白文件。

（2）为使设计做得更像目标图像，我们可以比照着绘制。方法是将目标图像拖拽到新文件中，并降低目标图像的透明度，如图 2-3-8 所示。

制作扁平化京剧脸谱启动图标

▲ 图 2-3-8　比照绘制

（3）在画面左上方，用"钢笔工具"绘制眉毛形状的路径，方法是先单击一点，不松开鼠标左键，在另一个位置上直接拖拽出一条贝塞尔曲线，按"Alt"键，删除一个手柄，在另一个位置上重复上述操作，最终形成封闭曲线，如图 2-3-9 所示。

（4）按"Ctrl+Enter"组合键，将路径变为选区。按"Ctrl+Shift+N"组合键，新建图层，选择黑色。按"Alt+Delete"组合键，填充前景色。按"Ctrl+D"组合键，去掉选区，完成眉毛图像的绘制，如图 2-3-10 所示。

▲ 图 2-3-9　绘制封闭曲线　　　　　▲ 图 2-3-10　眉毛图像

（5）用如上方式，绘制眼部外框的路径，并填充黑色，如图 2-3-11 和图 2-3-12 所示。

▲ 图 2-3-11　绘制眼部外框的路径　　　▲ 图 2-3-12　填充眼部的颜色

（6）用同样方式绘制眼睛形状路径，眼睛填充色为白色，如图 2-3-13 和图 2-3-14 所示。

▲ 图 2-3-13　绘制眼睛路径　　　　　▲ 图 2-3-14　填充眼睛的颜色

（7）用"椭圆工具"绘制灰色眼球，如图 2-3-15 所示。

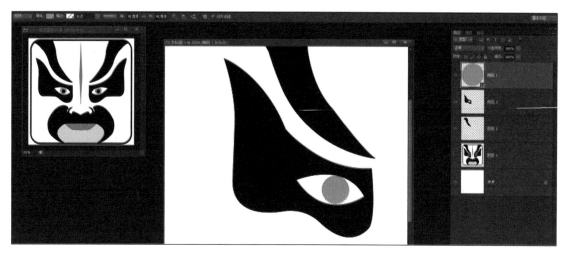

▲ 图 2-3-15　绘制灰色眼球

（8）用如上方式绘制黑色的眼珠，也可以复制眼球，再修改眼珠颜色和大小，如图 2-3-16 所示。

（9）选择"钢笔工具"，绘制一半眉间红色路径，并填充颜色，如图 2-3-17 所示。

▲ 图 2-3-16　绘制黑色眼珠

▲ 图 2-3-17　一半眉间填充颜色

（10）为了方便镜像复制，我们要合并图层。选中要合并的图层，按"Ctrl+E"组合键合并图层，如图 2-3-18 所示。

（11）复制合并后的图层，选中图层，按"Ctrl+T"组合键，水平翻转，并用小键盘的左右键微调位置关系，如图 2-3-19 所示。

需要注意的是，在水平翻转的时候一定不要改变中心点的位置，而且最好使用"标尺工具"，这样才能严谨地完成水平翻转，如图 2-3-20 所示。

▲ 图 2-3-18　合并图层　　　▲ 图 2-3-19　水平翻转效果　　　▲ 图 2-3-20　设置中心点

（12）用如上方式绘制嘴部，可以先绘制一半，注意每一个部分都应是一个图层，然后完成嘴部效果，如图 2-3-21 至图 2-3-24 所示。合并脸谱中制作好的图层，如图 2-3-25 所示。

▲ 图 2-3-21　创建胡子部分　　　　　　　▲ 图 2-3-22　创建红色舌头

▲ 图 2-3-23　创建嘴部　　　▲ 图 2-3-24　嘴部效果　　　▲ 图 2-3-25　合并脸谱中制作好的图层

（13）拖拽出辅助线，选择"圆角矩形工具"，选择黑色，但不要填充，创建一个倒圆角半径为 100 px、描边颜色为黑色的倒圆角矩形，如图 2-3-26 所示。

▲ 图 2-3-26　创建倒圆角矩形

（14）隐藏辅助线和用来比照的图层，选择当前图层，用"钢笔工具"将多余部分删除。先绘制一段路径为选区，按"Delete"键删除，如图 2-3-27 和图 2-3-28 所示。用同样的方法删除另一边的多余部分。

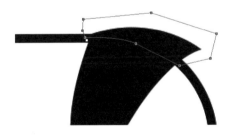

▲ 图 2-3-27　绘制多余部分的路径

▲ 图 2-3-28　删除选区内容

（15）检查嘴部是否有多余部分，如果有，依照上述方式删除，完成操作。效果如图 2-3-29 所示。

（16）最后，按"Ctrl+S"组合键，把图标保存成 JPG 或者 PNG 格式，如图 2-3-30 所示。

需要注意的是，这里的 JPG 格式是有背景颜色的，而 PNG 格式是没有背景颜色的，所以尽量选择 PNG 格式，以保证设计的图标在不同场景都可以正常使用。

▲ 图 2-3-29　完成效果

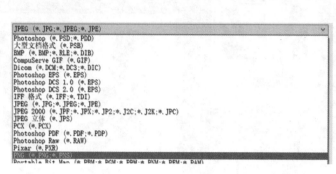

▲ 图 2-3-30　保存文件

2.3.5　评价与思考

本部分内容主要介绍了扁平化设计风格图标的基础知识。实训示例是用钢笔工具，通过填充颜色的方式完成的，也可以用形状图层完成，大家可以尝试一下。

学完本部分内容后，你有什么收获呢？请根据自己的学习情况填涂评价表 2-3-1。

表 2-3-1　评价表 2

评价内容	评价要点	自我评价	小组评价	教师评价
参与态度	团队合作配合程度	☆ ☆ ☆ ☆ ☆	☆ ☆ ☆ ☆ ☆	☆ ☆ ☆ ☆ ☆
	时间分配是否合理	☆ ☆ ☆ ☆ ☆	☆ ☆ ☆ ☆ ☆	☆ ☆ ☆ ☆ ☆
	实训过程中的态度	☆ ☆ ☆ ☆ ☆	☆ ☆ ☆ ☆ ☆	☆ ☆ ☆ ☆ ☆
操作能力	能在规定时间内完成所有的实战操作	☆ ☆ ☆ ☆ ☆	☆ ☆ ☆ ☆ ☆	☆ ☆ ☆ ☆ ☆
	运用钢笔工具制作脸谱，文件制作精细程度	☆ ☆ ☆ ☆ ☆	☆ ☆ ☆ ☆ ☆	☆ ☆ ☆ ☆ ☆
	文件尺寸、色彩模式、分辨率是否符合制作要求	☆ ☆ ☆ ☆ ☆	☆ ☆ ☆ ☆ ☆	☆ ☆ ☆ ☆ ☆
	整体布局要求严谨，色彩是否使用合理	☆ ☆ ☆ ☆ ☆	☆ ☆ ☆ ☆ ☆	☆ ☆ ☆ ☆ ☆
职业素养	能良好表达自己的观点，善于倾听他人的观点	☆ ☆ ☆ ☆ ☆	☆ ☆ ☆ ☆ ☆	☆ ☆ ☆ ☆ ☆
	能主动用不同方法完成项目，分析哪种方法更适合	☆ ☆ ☆ ☆ ☆	☆ ☆ ☆ ☆ ☆	☆ ☆ ☆ ☆ ☆
	主动向他人学习	☆ ☆ ☆ ☆ ☆	☆ ☆ ☆ ☆ ☆	☆ ☆ ☆ ☆ ☆
	提出新的想法、建议和策略	☆ ☆ ☆ ☆ ☆	☆ ☆ ☆ ☆ ☆	☆ ☆ ☆ ☆ ☆

评价内容	评价要点	自我评价	小组评价	教师评价
实践创新	在完成项目前提下具有创新意识，有能力结合实际找到新的解决问题的办法	☆ ☆ ☆ ☆ ☆	☆ ☆ ☆ ☆ ☆	☆ ☆ ☆ ☆ ☆
自我反思与评价				

2.3.6 实战演练

尝试把其他不同脸谱（图 2-3-31）设计为扁平图标。

脸谱 1　　　　　　　　　　脸谱 2　　　　　　　　　　脸谱 3

▲ 图 2-3-31　不同风格脸谱

2.4　实训 3　制作拟物化风格图标

2.4.1　实训示例

本部分内容是要把算盘的形象改成一个应用图标，需要将算盘的形象抽象出来再进行艺术处理和加工，要注意对木质的算盘框、陶瓷的算盘珠子和金属杆这些部件质感的处理，最后还要调整好光影与投影的位置，如图 2-4-1 所示。

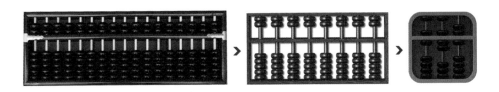

▲ 图 2-4-1　算盘图标的演变过程

知识链接

算盘

算盘，又作"祘盘"，珠算盘是我们祖先创造发明的一种简便的计算工具，起源于北宋时代。它是中国古代劳动人民发明创造的一种简便的计算工具。中国是算盘的故乡，在计算机已被普遍使用的今天，古老的算盘不仅没有被废弃，反而因它的灵活、准确等优点，在许多国家受到欢迎。因此，人们往往认为算盘是与中国古代四大发明齐名的，北宋名画《清明上河图》中赵太丞家药铺柜上就画有一架算盘。2013 年，联合国教科文组织正式宣布将中国珠算列入人类非物质文化遗产名录。

2.4.2 知识储备

拟物化（skeuomorphism）设计是模拟现实物品的造型和质感，通过高光、纹理、材质、阴影等效果对现实物品进行适当程度的变形和夸张的描绘再现，如图 2-4-2 所示。

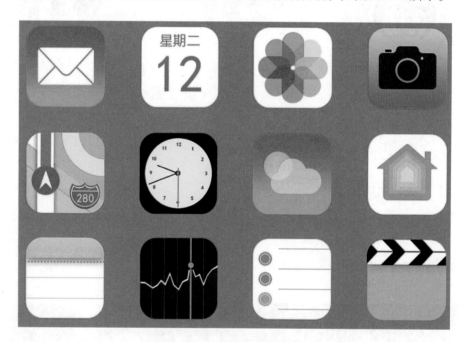

▲ 图 2-4-2 拟物化风格图标 1

1. 拟物化风格的特点

拟物化风格的图标基本上使用生活中原有的物象来反映产品的功能，同时图标的内部会加入更多的写实细节，如色彩、3D、阴影、透视等效果，甚至一些简单的物理效果，方便用户认知，如图 2-4-3 所示。拟物化风格的图标产生的视觉刺激较强烈，能大大提高图标的辨识度。

▲ 图 2-4-3　拟物化风格图标 2

　　然而有些时候，写实的设计并不一定是原始的，而是一种近似的表达，如心形的图形可能不代表"心脏"，而代表"健康"；刷子状的图形不一定代表的是"刷子"，可能是主题，如图 2-4-4 所示。

　　简而言之，无论是面对真实存在的物体，还是进一步解构重组真实事物，拟物化风格图标总是描述一个真实存在的事物，而不是抽象的符号，如图 2-4-5 所示。

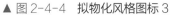

▲ 图 2-4-4　拟物化风格图标 3

▲ 图 2-4-5　拟物化风格图标 4

　　拟物化风格图标的实际设计并不一定是完全照着原始物体描绘出来的，有时候只需要描绘基本元素即可，也就是说，此类图标设计将重点的部分表达出来就可以了，如图 2-4-6所示。

相机　　　笔记　　　扫一扫　　　相册　　　小爱同学

录音　　　音乐　　　文件管理　　　电话　　　指南针

设置　　　万能遥控　　　短信　　　屏幕录制　　　小米社区

小米视频　　　浏览器　　　下载管理　　　手机管家　　　钱包

▲ 图 2-4-6　拟物化风格图标 5

　　拟物化风格设计对于初次接触电子产品的用户来说，易于识别，易用性强，用户可以很容易找到操作的入口。但多年一成不变的设计也带来了一些问题，比较突出地表现在以下两个方面：拟物化风格图标流行多年，造成了用户的审美疲劳；设计人员过度地在意拟物化风格图标的细节表现，使得用户对产品内容的识别效率变低。

2. 拟物化风格图标设计的注意原则

1）注意取舍

　　在拟物化风格图标的创作中，细节太多或太少都有可能导致用户看不懂，所以设计时要注意取舍。设计人员可以先在纸稿上绘制草图，用来确定哪些细节需要表达、哪些可以省略，如图 2-4-7 所示。当然，如果界面元素和生活参照物相差太远，就会让人很难辨别；如果太写实，有时候也会让人无法辨别图标想要表达的内容。

▲ 图 2-4-7　拟物化风格图标 6

2）使用合适的材质和纹理

拟物化风格图标中使用好的材质和纹理，能够让用户得到对品质追求的满足感。例如，木质能带来怀旧感，金属科技感十足，大自然中的事物能够让人产生亲和感，食物类的质感表现可以勾起人们的食欲。使用合适的质感与纹理表现，可以使用户的感受从物质感受上升至对美好事物的精神感受，如图 2-4-8 和图 2-4-9 所示。

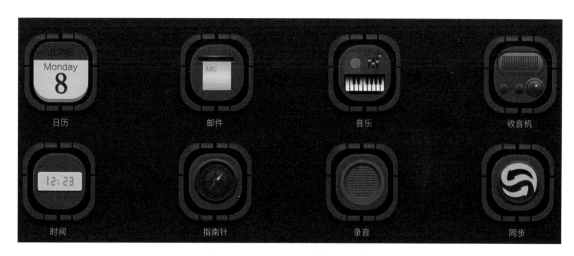

▲ 图 2-4-8　木纹主题拟物化风格图标

▲ 图 2-4-9　青花瓷主题拟物化风格图标

3）规划拟物化风格图标中的光影与色彩

拟物化风格图标中的光影与色彩是还原真实物象的重要部分，能使图标从二维平面转换为三维，产生立体的效果，如图 2-4-10 所示。光影与色彩在不同的角度、不同的空间表现出来的组合效果，会成为一种独特的视觉语言，给人们以美好的感受。

▲ 图 2-4-10　立体感强的拟物化风格图标

2.4.3　技术储备

图层样式是 Adobe Photoshop 中的一项图层处理功能，是后期制作图片以达到预期效果的重要手段之一。图层样式的功能强大，能够简单快捷地制作出各种立体投影，以及具有各种质感和光影效果的图像特效。与不用图层样式的传统操作方法相比，图层样式具有速度更快、效果更精确、可编辑性更强等优势。Adobe Photoshop 提供了不同的图层混合选项，有助于为特定图层上的对象创建应用效果。设计人员可以用 Adobe Photoshop 附带提供的某一种预设样式或选择"图层样式"对话框来创建自定样式，如图 2-4-11 所示。

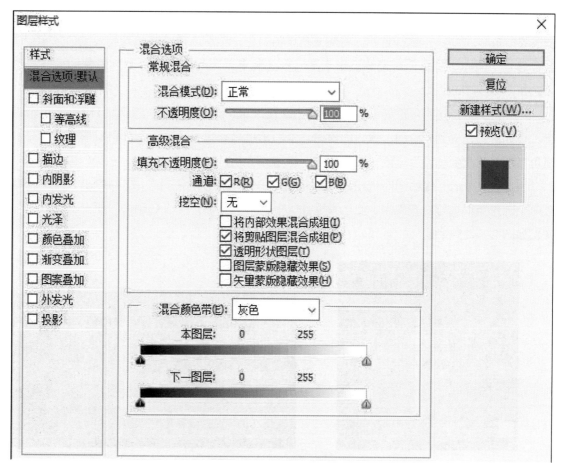

▲图 2-4-11　"图层样式"对话框

（1）斜面和浮雕：这是图层样式中最常用的效果之一，可模拟立体的图形。

（2）描边：可为图层中的图形做单色、渐变，以及带图案的边缘。

（3）内阴影：在紧靠图层内容的边缘内添加阴影，使图层产生凹陷效果。

（4）内发光：在图形内部做颜色填充。

（5）光泽：在图层内部根据图层的形状应用阴影，创造出金属表面的光泽效果。

（6）颜色叠加：可为图层中的图形做颜色填充。

（7）渐变叠加：可为图层中的图形做渐变颜色填充。

（8）图案叠加：可为图层中的图形做图案填充。

（9）外发光：与内发光相反，在图形外部模拟霓虹灯的发光效果。

（10）投影：在图形内部做投影就是内阴影（模拟凹陷的状态）。

2.4.4　实训演示

（1）新建一个 800 px×800 px、分辨率为 72 ppi、RGB 颜色模式的白色背景文件。

（2）按"Alt+Delete"组合键，将前景色设为黑色，选择"圆角矩形工

拟物化图标制作

具"，如图 2-4-12 所示。将设置值改为固定大小、740 厘米 ×740 厘米，半径为 130 px，绘制倒圆角矩形，如图 2-4-13 所示。将填充色设为白色，然后选择"移动工具"，按"Ctrl+A"组合键选中画布，将目标对象调整至水平、垂直居中，然后按"Ctrl+D"组合键，取消选区，如图 2-4-14 所示。

（3）再次选择"圆角矩形工具"，将尺寸设置为 660 px × 660 px，半径为 110 px，单击画布，目标对象拖动到相应的位置，创建第二个圆角矩形。为了区分两个圆角矩形，将第二个圆角矩形的填充颜色设为黑色。

（4）按"Ctrl"键的同时选中两个圆角矩形，选择"移动工具"，按"Ctrl+A"组合键对两个圆角矩形进行对齐操作，使二者垂直居中、水平居中，按"Ctrl+D"组合键，取消选区，如图 2-4-15 所示。

▲ 图 2-4-12　选择圆角矩形工具

▲ 图 2-4-13　设置固定大小

▲ 图 2-4-14　绘制倒圆角矩形

▲ 图 2-4-15　圆角矩形对齐

（5）选中第一个圆角矩形，并单击右键，对其进行栅格化图层处理后该图层变为普通图层。按"Ctrl"键并单击第二个圆角矩形前方的缩略图，提取出第二个圆角矩形的选区。然后选择第一个圆角矩形的图层，按"Delete"键，进行删除，按"Ctrl+D"组合键取消选区。选中第二个圆角矩形并删除。最后得到第一个圆角矩形的白色边框，如图 2-4-16 所示。

（6）双击圆角第一个圆角矩形图层，改名为"边框"。在"视图"里找到"新建参考线"，在"取向"中选择"水平"，位置设置为 280 px，单击"确定"，此时可以看到画布中出现了一条辅助线，如图 2-4-17 所示。

▲ 图 2-4-16　第一个圆角矩形的白色边框

▲ 图 2-4-17　辅助线 1

（7）继续选择"新建参考线"，在"取向"中选择"水平"，位置设为 320 px，单击"确定"，再次出现一条辅助线，如图 2-4-18 所示。

（8）选择"矩形选框工具"，然后按住鼠标左键并拖动，在边框图层中填充背景色为白色、高度为 40 px 的白色矩形，如图 2-4-19 至 2-4-21 所示。

▲ 图 2-4-18　辅助线 2

▲ 图 2-4-19　选择矩形选框工具

▲ 图 2-4-20　拖拽出边框

▲ 图 2-4-21　绘制边框效果

（9）双击"边框"图层，打开"图层样式"面板，设置样式为"渐变叠加"，混合模式为正常，不透明度为100%，样式为线性，角度为90度，渐变颜色RGB色值分别为192、132、91，后一色标RGB色值分别为177、118、66，单击"确定"，颜色设置完成，如图2-4-22所示。

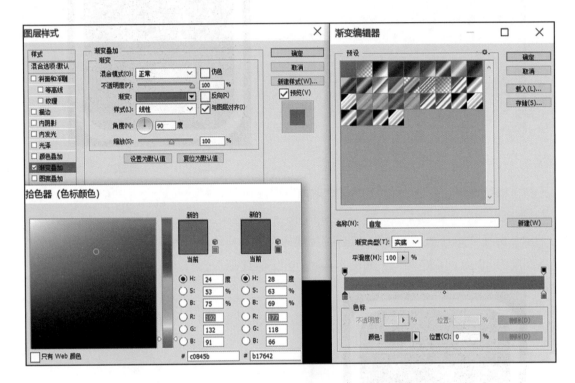

▲ 图 2-4-22　给边框添加渐变叠加的图层样式

（10）在"图层样式"面板中选择"斜面和浮雕"，在"结构"中选择深度为100%，方向为上，大小为5 px，软化为0 px，在"阴影"中选择阴影模式为正片叠底，在其后选择阴影的颜色，RGB色值分别为110、76、40，单击"确定"，如图2-4-23所示。

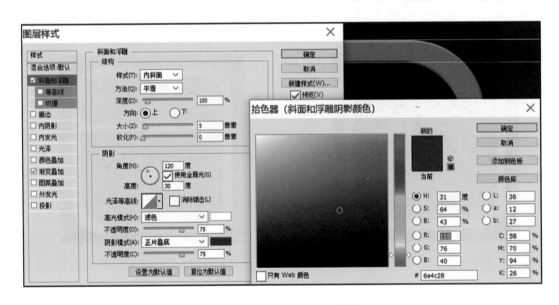

▲ 图 2-4-23　添加斜面浮雕效果

（11）在"边框"图层的下方创建一个新图层，设为底纹，如图 2-4-24 所示。选择"圆角矩形工具"，绘制一个白色圆角矩形，尺寸为 660 px × 660 px，半径为 110 px，水平、垂直居中，如图 2-4-25 所示。

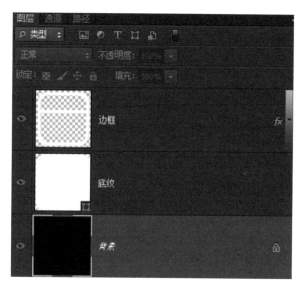

▲ 图 2-4-24　创建底纹图层

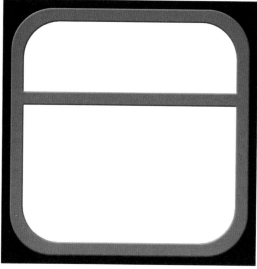

▲ 图 2-4-25　底纹图层效果

（12）双击"底纹"图层，打开"图层样式"面板，设置参数，添加内阴影，如图 2-4-26 所示。添加渐变叠加，如图 2-4-27 所示。

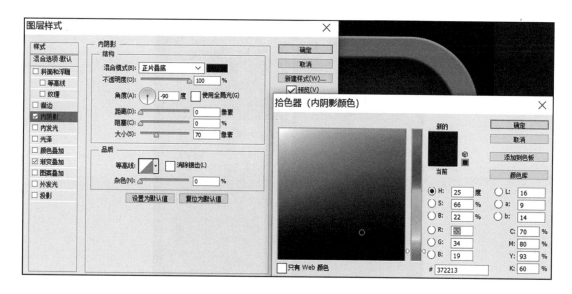

▲ 图 2-4-26　底纹图层添加内阴影

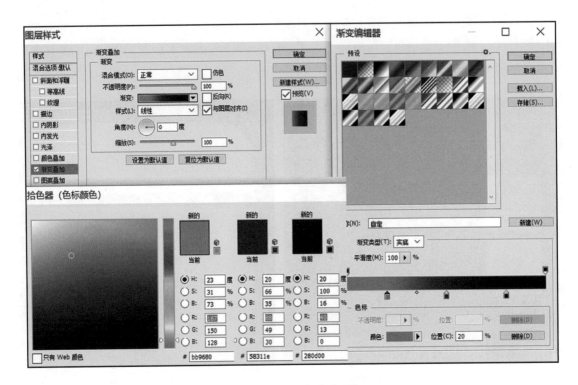

▲ 图 2-4-27　添加渐变叠加 1

（13）在"边框"图层的下方创建一个新图层，作为"档"，选择矩形选框工具，绘制一个宽度为 16 px 的白色矩形，水平居中对齐，如图 2-4-28 所示。

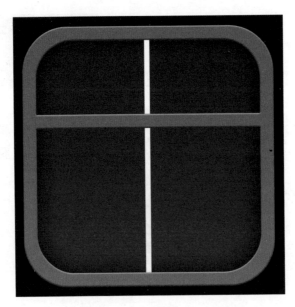

▲ 图 2-4-28　绘制"档"图层

（14）双击"档"图层，打开"图层样式"面板，设置渐变叠加和斜面浮雕，如图 2-4-29 和图 2-4-30 所示。

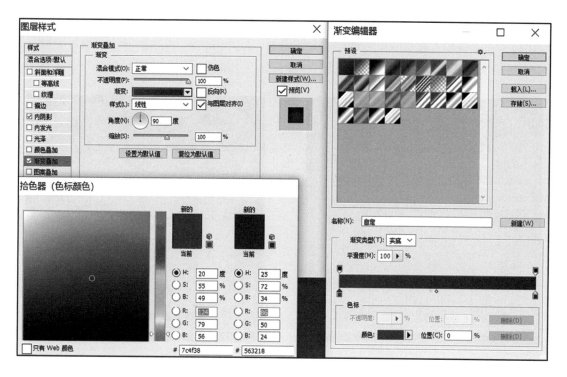

▲ 图 2-4-29　添加渐变叠加 2

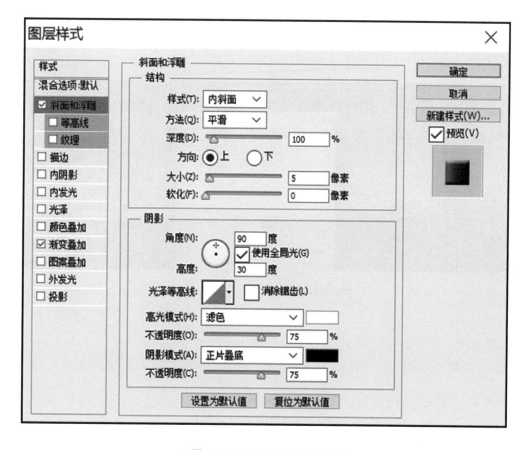

▲ 图 2-4-30　添加斜面浮雕效果

（15）复制两个相同的矩形，调节位置，如图 2-4-31 所示。

（16）在"边框"图层的下方创建一个新图层，作为"算珠"，绘制黑色的圆角矩形，尺寸为 130 px × 60 px，半径为 110 px，调节位置，如图 2-4-32 所示。

▲ 图 2-4-31　复制多个图层　　　　　　　　　　▲ 图 2-4-32　绘制算珠

（17）在"算珠"图层的上方创建一个新图层，作为"高光"，选择矩形选框工具，绘制一个矩形，填充颜色（#414141）。选择"滤镜"菜单中，"模糊"效果中的"高斯模糊"，如图 2-4-33 所示。

（18）使用相同的方法再绘制一个高光，如图 2-4-34 所示。

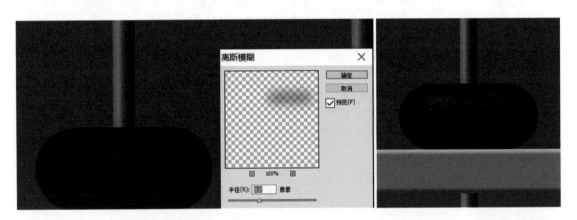

▲ 图 2-4-33　添加高斯模糊　　　　　　　　　　▲ 图 2-4-34　添加高光效果

（19）选择"算珠"与多个"高光"图层，在"图层"菜单中，按"Ctrl+G"组合键，进行图层编组，如图 2-4-35 所示。

（20）复制"合成算珠"图层，移动到相应的位置，效果如图 2-4-36 所示。

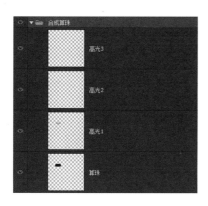

▲ 图 2-4-35　图层编组

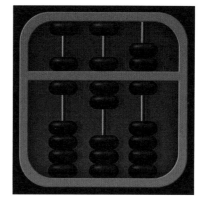

▲ 图 2-4-36　复制相应图层并移动相应位置

（21）选择所有的"合成算珠"和"档"图层，在"图层"菜单中，选择"图层编组"，设置投影效果，如图 2-4-37 所示。设置外发光效果，如图 2-4-38 所示。

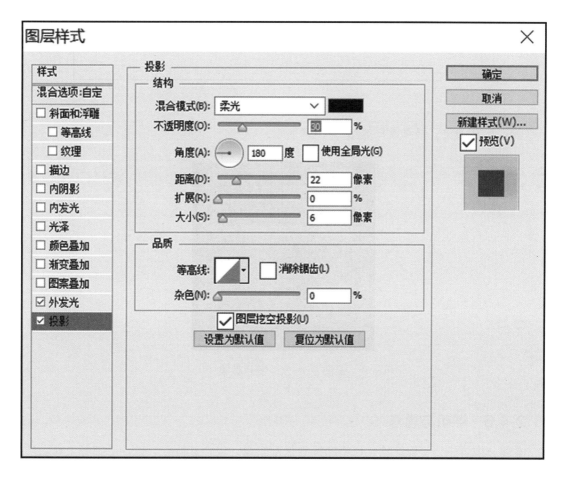

▲ 图 2-4-37　添加投影效果

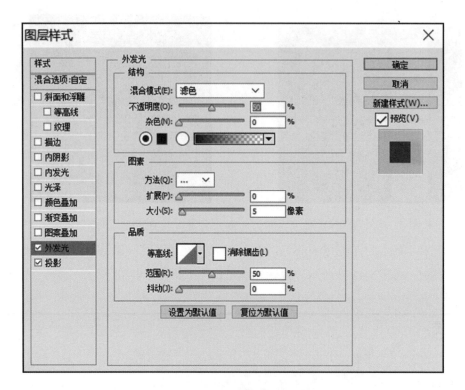

▲ 图 2-4-38　添加外发光效果

（22）完成设计，最终效果如图 2-4-39 所示。

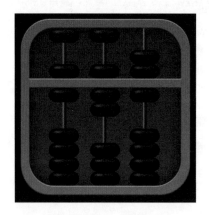

▲ 图 2-4-39　最终效果

2.4.5　评价与思考

本部分内容主要讲解拟物化风格图标的基础知识，包括其特点、设计原则等。算盘质感的表现大量运用了图层样式，但图层样式设置的数值并不是恒定的，大家可以根据自己的喜好进行适当的调整，以达到不同的效果。

学完本部分内容后，你有什么收获呢？请根据自己的学习情况填涂评价表 2-4-1。

表 2-4-1　评价表 3

评价内容	评价要点	自我评价	小组评价	教师评价
参与态度	团队合作配合程度	☆ ☆ ☆ ☆ ☆	☆ ☆ ☆ ☆ ☆	☆ ☆ ☆ ☆ ☆
	时间分配是否合理	☆ ☆ ☆ ☆ ☆	☆ ☆ ☆ ☆ ☆	☆ ☆ ☆ ☆ ☆
	实训过程中的态度	☆ ☆ ☆ ☆ ☆	☆ ☆ ☆ ☆ ☆	☆ ☆ ☆ ☆ ☆
操作能力	能在规定时间内完成所有的实战操作	☆ ☆ ☆ ☆ ☆	☆ ☆ ☆ ☆ ☆	☆ ☆ ☆ ☆ ☆
	运用图层制作图像效果，文件制作精细程度	☆ ☆ ☆ ☆ ☆	☆ ☆ ☆ ☆ ☆	☆ ☆ ☆ ☆ ☆
	文件尺寸、色彩模式、分辨率是否符合制作要求	☆ ☆ ☆ ☆ ☆	☆ ☆ ☆ ☆ ☆	☆ ☆ ☆ ☆ ☆
	整体布局要求严谨，色彩是否使用合理	☆ ☆ ☆ ☆ ☆	☆ ☆ ☆ ☆ ☆	☆ ☆ ☆ ☆ ☆
职业素养	能良好表达自己的观点，善于倾听他人的观点	☆ ☆ ☆ ☆ ☆	☆ ☆ ☆ ☆ ☆	☆ ☆ ☆ ☆ ☆
	能主动用不同方法完成项目，分析哪种方法更适合	☆ ☆ ☆ ☆ ☆	☆ ☆ ☆ ☆ ☆	☆ ☆ ☆ ☆ ☆
	主动向他人学习	☆ ☆ ☆ ☆ ☆	☆ ☆ ☆ ☆ ☆	☆ ☆ ☆ ☆ ☆
	提出新的想法、建议和策略	☆ ☆ ☆ ☆ ☆	☆ ☆ ☆ ☆ ☆	☆ ☆ ☆ ☆ ☆
实践创新	在完成项目前提下具有创新意识，有能力结合实际找到新的解决问题的办法	☆ ☆ ☆ ☆ ☆	☆ ☆ ☆ ☆ ☆	☆ ☆ ☆ ☆ ☆
自我反思与评价				

2.4.6　实战演练

完成保卫萝卜图标，注意光线的角度与光影形态，如图 2-4-40 所示。

▲ 图 2-4-40　保卫萝卜图标

2.5 实训 4 制作线性金刚区图标

2.5.1 实训示例

本实训内容是要把中国结设计成金刚区项目图标，需要将客观存在的元素抽象出来，对形态进行夸张处理，创造出一种简洁、大方、醒目的视觉符号。所以，我们在设计时要抓住中国结各部分的特点，并用线的形式表现出来，如图 2-5-1 所示。

▲ 图 2-5-1 中国结图标演变过程

> 知识链接
>
> **中国结**
>
> 中国结是一种手工编织工艺品，它所显示的情致与智慧正是汉族古老文明中的一个侧面写照。它起源于旧石器时代的缝衣打结行为，后推展至汉朝的礼仪记事，再演变成今日的装饰手艺。周朝人随身佩戴的玉常以中国结为装饰，而战国时代的铜器上也有中国结的图案，延续至清朝，中国结才真正成为盛传于民间的艺术。
>
> 当代多用中国结来装饰室内，或将其作为亲友间的馈赠礼物及个人的随身饰物等。因为其外观对称、精致，符合中国传统装饰的习俗和人们的审美观念，故被命名为中国结。中国结有双钱结、纽扣结、琵琶结、团锦结、十字结、吉祥结、万字结、盘长结、藻井结、双联结、蝴蝶结、锦囊结等多种结式。中国结代表着团结、幸福、平安，特别是在民间，它精致的做工深受大众的喜爱。

2.5.2 知识储备

相比于面性图标，线性图标的提示性较弱，线性图标是用同样粗细的线条画出的具有高度概括性的图标，能让人赏心悦目，给用户带来应用的乐趣。

1. 线性图标的不同特点

（1）圆角图标。圆角图标给人带来的亲和感较强。如今，圆角图标的设计越来越精致，如图 2-5-2 所示。

（2）直角图标。直角图标给人一种锐利、有力、果断的感觉，如图 2-5-3 所示。

▲图 2-5-2　圆角图标　　　　　　　　　　　　▲图 2-5-3　直角图标

（3）断点图标。断点图标是点、线、面演化的产物。UI 设计兴起之初，设计人员不满足于设计单线功能图标，所以会通过点、线、面来增加形式感，如图 2-5-4 所示。

（4）突出显示的图标。突出显示的图标是传统绘画的产物，就像艺术创作者在绘画作品中总是在最后加上高光来做画龙点睛之笔一样，如图 2-5-5 所示。

▲图 2-5-4　断点图标　　　　　　　　　　　　▲图 2-5-5　突出显示的图标

（5）双色图标。双色图标在实际应用中非常广泛，较为百搭。一方面，有彩色可以跟无彩色结合，有彩色的颜色可以是企业色，也可以是代表行业或产品的颜色与无彩色（黑色）相结合，如图 2-5-6 所示。另一方面，主体色可以与点缀色组合成双色，但使用时要注意当前界面中的配色不宜过多。

▲图 2-5-6　双色图标

（6）不透明度图标。不透明度图标是通过调整图标部分结构的不透明度来增加图标的层次。不透明度图标的颜色和双色图标一样，从配色的角度来看，它们属于同一个颜色系统，如图 2-5-7 所示。

▲ 图 2-5-7　不透明度图标

（7）线面结合图标。线和面图标的结合也是一种出彩的风格，线是一种高度概括的图标，此时面更多的是作为一种装饰性的点缀，如图 2-5-8 所示。

（8）一笔画图标。一笔画图标是一种难度系数很高的风格。在断点图标流行的时候，曾有人提出了一笔画图标的概念，这在当时也是一个有争议的图标，如图 2-5-9 所示。但后来这种图标的应用为人们所接受。一笔画图标的设计一般比较难控制，因为需要有很深的艺术基础才能让图标看着舒服。

▲ 图 2-5-8　线面结合图标　　　　　▲ 图 2-5-9　一笔画图标

（9）标志图标。标志图标的难度和一笔画图标一样，需要图标足够精致才能直接作为应用图标甚至是 logo 使用。网易云音乐的 logo 就属于一笔画图标，如图 2-5-10 所示。

（10）情感图标。情感图标是一种拟人化的图标，它提取了人类的五种感官，并将其与图标相结合，这个拟人化的场景模拟了人类表情在真实场景中的应用，如图 2-5-11 所示。

▲ 图 2-5-10　网易云音　　　▲ 图 2-5-11　表情图标
　　　乐的 logo

2. 线的基础性格

（1）图标线条的粗细。图标线条越纤细越显精致，越粗壮越显硬朗，如图 2-5-12 所示。

（2）图标线条的圆角。圆角越小越尖锐，给人的亲和力越低；反之，圆角越大越圆润，给人的亲和力就越强，如图 2-5-13 所示。

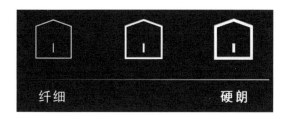

▲ 图 2-5-12　不同图标线条粗细对比

▲ 图 2-5-13　不同线条圆角对比

总而言之，图标线条的粗细、圆角的大小带给人的感觉各不相同，如图 2-5-14 所示。

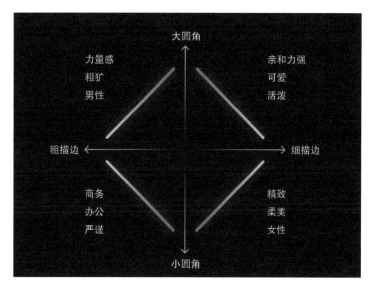

▲ 图 2-5-14　线条粗细、圆角对比

2.5.3　技术储备

布尔指的是乔治·布尔，他是 19 世纪的一位数学家，为了纪念布尔在符号逻辑运算中的杰出贡献，人们将其成果命名为布尔运算。

布尔运算采用的是数字逻辑推演法，主要有数字逻辑的联合、相交、相减。设计人员在使用软件的过程中将这种逻辑运算方法运用到软件设计中，于是就有了合并形状、减去顶层形状、与形状区域交叉、排除重叠形状等操作，如图 2-5-15 所示。例如，两个矩形相减可以得到一个新的矩形。

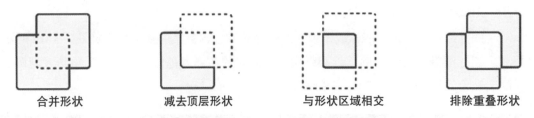

合并形状　　　　减去顶层形状　　　　与形状区域相交　　　　排除重叠形状

▲ 图 2-5-15　软件设计中的布尔逻辑运算方法

（1）合并形状：将两个形状合并为一个，去其交集。

（2）减去顶层形状：用底层图形减去顶层图形得到最终图形。

（3）与形状区域相交：得到的形状是两个图形重叠的部分，取其交集。

（4）排除重叠形状：简单来说就是减去两个图形重叠的部分，与"与形状区域相交"相反。

2.5.4　项目演示

（1）新建一个 800 px × 800 px、分辨率为 72 ppi、RGB 颜色模式的白色背景空白文件。

（2）选择圆角矩形工具，设置倒圆角半径为 5 px，不设置描边，填充颜色为红色，按住"Shift"键，创建一个圆角矩形，如图 2-5-16 所示。

线性中国结图标

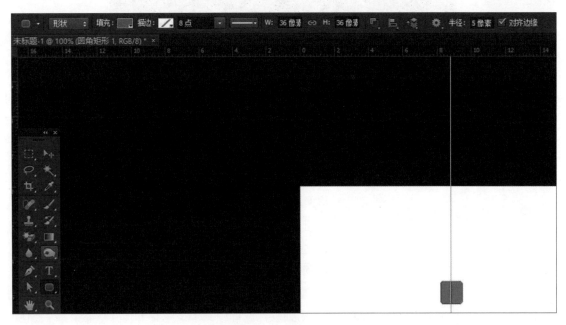

▲ 图 2-5-16　创建红色圆角矩形

（3）按"Ctrl+T"组合键变换选区，角度设置为 45 度，旋转圆角矩形，如图 2-5-17 所示。

▲ 图 2-5-17　旋转圆角矩形

（4）以同样方法绘制大的圆角矩形，圆角半径为 20 px，属性栏中设置不填充，设置描边，描边为 8 点，半径为 20 px，如图 2-5-18 所示。

▲ 图 2-5-18　设置倒圆角矩形属性

（5）执行变换选区操作，设置为 45 度，选择移动工具，按"Alt"键复制该图层，放置在适合的位置，完成菱形的绘制，如图 2-5-19 所示。

（6）选择"椭圆工具"，绘制只有描边（8 点）的椭圆，选择减去顶层形状，然后选择矩形工具，再绘制一个矩形，接着选择合并形状组件，将两个图形合并在一起，如图 2-5-20 和图 2-5-21 所示。

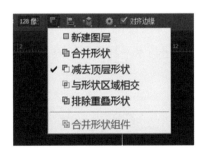

▲ 图 2-5-19　完成菱形的绘制　　　　▲ 图 2-5-20　减去顶层形状

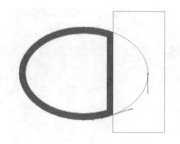

合并形状组件选项　　　　　　　　合并形状效果

▲图 2-5-21　合并形状组件

（7）选择"钢笔工具"中添加"锚点工具"，上下各加一个锚点，然后删除，剩余路径效果如图 2-5-22 所示。

（8）选择最后一段路径，描边选项设置为中心对齐，端点选择圆角，如图 2-5-23 所示。

（9）把大弧线放在适合的位置上，如图 2-5-24 所示。

（10）用上述方法，绘制小弧线并复制，再放置到合适的位置上，就形成了一侧蝴蝶结效果，如图 2-5-25 所示。

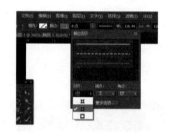

▲图 2-5-22　剩余路径效果　　　　▲图 2-5-23　描边选项

▲图 2-5-24　调整到合适位置　　　　▲图 2-5-25　一侧蝴蝶结效果

（11）复制三个弧线部分，按"Ctrl+T"组合键变换选区，把变换的中心点放在中心位置上，单击右键进行水平翻转，如图 2-5-26 所示。

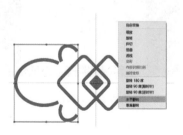

翻转操作　　　　　　　　　　　　翻转效果

▲图 2-5-26　自由变换水平翻转

（12）依据之前的方法绘制上面和下面的部分，分别描边和填充，如图 2-5-27 所示。

▲ 图 2-5-27　绘制上、下两部分效果

（13）绘制一个描边圆形，用添加锚点、删除路径的方式保留想要的部分，如图 2-5-28 所示。

（14）选中当前的形状图层，端点处选择圆角，如图 2-5-29 所示。

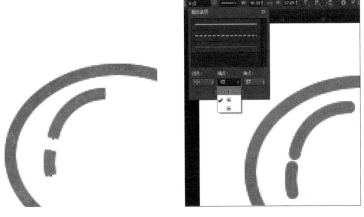

▲ 图 2-5-28　绘制锚点　　　　▲ 图 2-5-29　改变描边方式

（15）继续绘制上面的线部分和下面的穗部分，完成中国结的绘制，如图 2-5-30 所示。

▲ 图 2-5-30　最终效果

2.5.5　评价与思考

本部分内容主要讲解线性图标的基础知识。实训案例再次涉及形状图层，大家需掌握不

同工具的属性特点。本部分内容的难点是布尔运算的应用。如果不用布尔运算，是不是可以尝试路径描边呢？路径描边有什么优缺点呢？

学完本部分内容后，你有什么收获呢？请根据自己的学习情况填涂评价表 2-5-1。

表 2-5-1 评价表 4

评价内容	评价要点	自我评价	小组评价	教师评价
参与态度	团队合作配合程度	☆ ☆ ☆ ☆ ☆	☆ ☆ ☆ ☆ ☆	☆ ☆ ☆ ☆ ☆
	时间分配是否合理	☆ ☆ ☆ ☆ ☆	☆ ☆ ☆ ☆ ☆	☆ ☆ ☆ ☆ ☆
	实训过程中的态度	☆ ☆ ☆ ☆ ☆	☆ ☆ ☆ ☆ ☆	☆ ☆ ☆ ☆ ☆
操作能力	能在规定时间内完成所有的实战操作	☆ ☆ ☆ ☆ ☆	☆ ☆ ☆ ☆ ☆	☆ ☆ ☆ ☆ ☆
	运用布尔运算制作不同图像效果，文件制作精细程度	☆ ☆ ☆ ☆ ☆	☆ ☆ ☆ ☆ ☆	☆ ☆ ☆ ☆ ☆
	文件尺寸、色彩模式、分辨率是否符合制作要求	☆ ☆ ☆ ☆ ☆	☆ ☆ ☆ ☆ ☆	☆ ☆ ☆ ☆ ☆
	整体布局要求严谨，色彩是否使用合理	☆ ☆ ☆ ☆ ☆	☆ ☆ ☆ ☆ ☆	☆ ☆ ☆ ☆ ☆
职业素养	能良好表达自己的观点，善于倾听他人的观点	☆ ☆ ☆ ☆ ☆	☆ ☆ ☆ ☆ ☆	☆ ☆ ☆ ☆ ☆
	能主动用不同方法完成项目，分析哪种方法更适合	☆ ☆ ☆ ☆ ☆	☆ ☆ ☆ ☆ ☆	☆ ☆ ☆ ☆ ☆
	主动向他人学习	☆ ☆ ☆ ☆ ☆	☆ ☆ ☆ ☆ ☆	☆ ☆ ☆ ☆ ☆
	提出新的想法、建议和策略	☆ ☆ ☆ ☆ ☆	☆ ☆ ☆ ☆ ☆	☆ ☆ ☆ ☆ ☆
实践创新	在完成项目前提下具有创新意识，有能力结合实际找到新的解决问题的办法	☆ ☆ ☆ ☆ ☆	☆ ☆ ☆ ☆ ☆	☆ ☆ ☆ ☆ ☆
自我反思与评价				

2.5.6 实战演练

完成如下线面结合的应用图标，如图 2-5-31 所示。

▲ 图 2-5-31 线性图标范例

第3章 按钮设计

按钮是我们在设计界面时最常用、最重要的组件之一，也是易被忽略的元素之一，所以在设计之前，我们要充分了解并认识按钮组件。

| 学习目标 |

知识目标

（1）掌握按钮的分类。

（2）掌握按钮的设计原则及尺寸规范。

（3）掌握按钮的交互方式。

能力目标

（1）能够运用 Adobe Photoshop 的图层样式添加不同效果。

（2）能够运用时间轴制作动画效果。

素质目标

（1）养成勇于探索、精益求精、专注创新的职业精神。

（2）提高思维能力及创新能力。

3.1 按钮的基础知识

从我们有记忆和认知开始，按钮就时刻在和我们打交道，墙上的电灯开关、电视机的调节按钮、遥控器的按钮等，这些物理按钮不仅是当下 UI 按钮组件的前身，而且已被持续运用到很多非数字化的产品及机器设备中，但不管如何演变，按钮基本不会脱离对实物的参考。

按钮最吸引我们的莫过于通过简单触摸就能轻松满足自己的行为需求，按钮设计的直观性和易用性会影响人们完成一件事情的意愿和效率。

按钮是一个交互式元素，可以根据特定命令从系统获得预期的交互式反馈。按钮是允许用户直接与数字产品互动并发送必要命令以实现特定目标的控件，如发送电子邮件、购买产品、下载一些数据或内容、打开播放器等。按钮如此受欢迎且能带来友好用户体验的原因之一，就在于它们有效地模仿了物理世界中的交互模式。

现代 UI 按钮非常多样化，可以满足各种用途，如图 3-1-1 所示。典型且经常使用的按钮会呈现在交互式区域中，通常具有较高的可见性和特定的几何形状，能指示相应的动作。

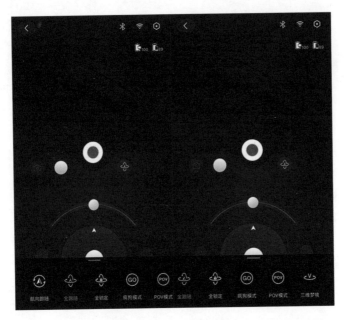

▲ 图 3-1-1　现代 UI 按钮

3.1.1　按钮的分类

1. CTA 按钮

CTA 是"call to action"的缩写，中文通常称为"用户行为召唤"。CTA 按钮是鼓励用户采取某种行动的用户界面的互动元素，为特定页面或屏幕提供链接，如购买、联系、订阅等。与页面或屏幕上的所有其他按钮相比，它的不同之处在于其引人注目的特性，即它必须引起用户的注意并引导用户执行所需的操作。

如图 3-1-2 所示，为某个儿童书籍的电子商务网站的主页。在该网站首页有一个核心按钮作为页面的目标——让用户订阅邮件并留下邮箱地址。按钮被设计为布局中最引人注目的元素之一，可以使用户在有购买或有进一步了解的意愿时立即看到如何进行操作。

▲ 图 3-1-2　儿童书籍的电子商务网站的主页

2. 文字按钮

对于文字按钮，一般会通过将文字设置为蓝色或加下划线的方式来表示，也可以根据产品特性换成其他颜色，但是需要与页面中的其他内容形成对比，增强其的可识别性，让用户知道这是一个可以点击的链接，如图 3-1-3 所示。

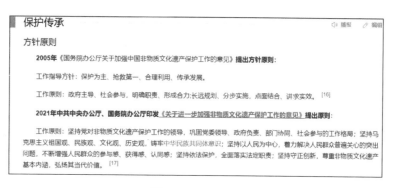

▲ 图 3-1-3　文字按钮

3. 普通按钮

普通按钮分为幽灵按钮和填充按钮。

幽灵按钮通常采用基本的平面形状——正方形、矩形、圆形、菱形等，并且内部没有填充，只有简单的边框。除了边框和文字，这种按钮完全透明或几近透明，像幽灵一样，所以得此名。幽灵按钮一般比传统的网站按钮要大一些，并且会被放置在显眼的位置，如屏幕正中央，如图 3-1-4 所示。

从视觉层级来看，填充按钮高于幽灵按钮，一般引导性的操作都会使用填充按钮。

在这两种按钮上，每个按钮都会包含一个文本指令，它会告诉用户这个按钮的功能和指向。所以，按钮上的文本要尽量简洁、直观，并且要契合整个网站的风格。

当用户单击按钮的时候，按钮所指示的内容和结果应当合理、迅速地呈现在用户眼前，无论是提交表单还是跳转到新的页面，用户通过这个按钮应当获得他们所预期的结果。

▲ 图 3-1-4　幽灵按钮

4. 图标按钮

图标按钮在网页端和移动端也非常常见，用图标的形式直接告诉用户单击这个按钮可以达到什么结果。图标按钮比较形象化，如图 3-1-5 所示。

▲ 图 3-1-5　图标按钮

5. 标签按钮

标签按钮可以进行分类，标记不同对象的不同属性和维度，可以对其进行编辑操作，如"添加"和"删除"，如图 3-1-6 所示。

▲ 图 3-1-6　标签按钮

6. 悬浮按钮

悬浮按钮是用户在界面上使用频次较高的操作按钮。由于悬浮按钮通常承载的是主要的、有代表性的操作，所以一般被用来指示积极正向的交互，如创建、分享、探索等，而不应该执行破坏性的操作，如删除等。如图 3-1-7 所示，两个悬浮按钮分别为"目的地"和"指南针"。

▲ 图 3-1-7　悬浮按钮

3.1.2　按钮的设计原则

1. 按钮设计的强弱表现

在整个产品设计中，设计人员要根据信息传递的优先级对按钮设计进行主次区分，设计表达要有强弱差异，如图 3-1-8 所示。按钮设计可以通过大小、填充、描边、色相、饱和度等的不同来表现强弱差异，强弱的差异可以表现出按钮所传递信息的优先级：行动触发、主要、次要、辅助、禁用等。

▲ 图 3-1-8　按钮强弱表现对比

2. 圆角设置合理

按钮边框的设计通常采用全圆角和小圆角，这样显得稳重大气。而大圆角按钮并非不可用，只是选用的频率相对较低，因为大圆角边框会让按钮看起来不方不圆，显得不够成熟。

全圆角的圆角值等于按钮高度值的一半，而小圆角的圆角值通常控制在高度值的四分之一以内，如图 3-1-9 所示。

3. 投影设置

给彩色系按钮设置投影时，选择无彩色系的投影颜色（如黑色）也能达到相应的效果，使用彩色只是为了得到更好的视觉效果，提升用户的感官体验。设计人员也可以尝试基于按钮本身的色相来确定投影颜色，这样得到的视觉效果会更加干净清爽，如图 3-1-10 所示。

▲ 图 3-1-9　按钮圆角设置对比

▲ 图 3-1-10　按钮投影设置对比 1

4. 投影的使用勿过度泛滥

虽然投影可以使按钮更有层次感，但是也需要根据具体情况使用。例如，对于一些浅色按钮，投影反而会使按钮配色环境显得不够干净清爽，降低按钮的识别度，如图 3-1-11 所示。

5. 给按钮文字一点呼吸感

按钮文字和边框的设计要有一定的留白。如果把控不好，设计人员可以从按钮的负空间（指字体本身所占用的画面空间之外的空白）的分析着手，看看文字大小和负空间之间是否存在某种比例关系，如图 3-1-12 所示。找到这个比例关系，将其运用到自己的按钮设计中，也许会让设计显得更加和谐、成熟、美观，更有呼吸感。

▲ 图 3-1-11　按钮投影设置对比 2

▲ 图 3-1-12　按钮文字大小对比

6. 按钮设计别让用户产生困惑

按钮的存在的目的是引导用户进行操作，应避免用户在此方面产生困惑。按钮设计不能让用户有是否可以点击的疑虑，而需要简洁明了地对此操作进行指引，如图 3-1-13 所示。用户已经形成对按钮外观和功能的思维定势，如果设计的按钮样式与"标准"差异太大，就会导致用户产生困惑，从而影响使用体验。

7. 样式表达的一致性

当设计元素规范统一时，用户操作过程中的理解成本也会相对较低，一致性也因此成为最有力的可用性原则之一，如图 3-1-14 所示。设计人员在设计按钮的时候要注意样式表达的一致性，如按钮形状、色彩、风格特征等的统一，这样会使设计的可用性更强。

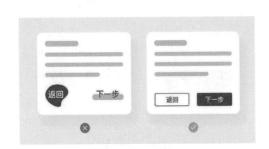

▲ 图 3-1-13　按钮简洁对比

▲ 图 3-1-14　按钮一致性对比

8. 按钮文本表达要言简意赅

设计人员在进行按钮文本设计的时候，要尽量减少字符和单词的数量，内容表达做到言简意赅，能够准确传达信息即可，如图 3-1-15 所示。按钮的设计有时候也不一定需要文本，所以要尽量简化文本，通过图标传递信息也许可以让界面的呼吸感更强。

9. 按钮文本设置切勿换行

单行文字的可读性更高，如果出现换行就会降低按钮文本的可读性。设计人员在设计按钮的时候，要确保文本内容在一行之内显示，如图 3-1-16 所示。如果设计空间不足则要考虑精简文本内容。

▲ 图 3-1-15　按钮文字表述对比　　　　▲ 图 3-1-16　按钮格式对比

10. 按钮大小要便于点击

按钮要大小适中，方便用户进行点击操作，如果用户点击失败或者误点到周边元素，就会有不好的体验。若是带有文本的按钮，只要文字大小不小于极限值，通常呈现出来的按钮交互区都能满足点击需求，如图 3-1-17 所示。

11. 同一板块按钮要大小一致

对于同一板块内的按钮设计，设计人员可以通过调整按钮的颜色的强弱来区分层级关系，不要让按钮大小不一，这样会影响用户的视觉平衡，如图 3-1-18 所示。

▲ 图 3-1-17　按钮大小对比　　　　▲ 图 3-1-18　按钮强弱层级对比

12. 按钮位置要结合用户使用习惯

引导用户做出选择的按钮应该放在界面左边还是右边，设计人员根据操作系统的不同提出了不同的想法。例如，Windows 系统中的确认按钮一般放在左边，而 iOS 系统却放在了右边，用户运用系统的习惯会影响其行为的适应度。不过对移动端而言，将引导用户做出选择的按钮放在右边可能更方便大部分用户点击。

有时候为了防止用户操作失误，设计人员会将确认操作的按钮放在左边，通过其他设计让用户再次确认。所以，设计人员在设计按钮时，一方面要结合操作系统的习惯，另一方面也要结合用户的习惯，将按钮放在最合适的位置，便于用户操作，如图 3-1-19 所示。

▲ 图 3-1-19　按钮位置关系对比

3.2　实训 1　制作有质感的按钮

3.2.1　实训示例

本实训示例展示的按钮看起来很有质感，其制作过程也不复杂，只需绘制出简单按钮的形状，为图层添加各种图层样式，即可呈现出明显的立体感和良好的质感；结合"渐变填充"和"浮雕效果"的设计，可以使按钮图形产生凹凸的效果，更加具有视觉层次感，如图 3-2-1 所示。

3.2.2　技术储备

▲ 图 3-2-1　有质感的按钮

由于网页传输和网络载体的特殊性，在网页中使用的图形格式与出版印刷常用的图形格式大不相同，且在网页中图形的使用目的不同，其格式也不一样。网页中常用的图形格式主要有以下几种。

1. JPEG/JPG

JPEG/JPG 是一种有损压缩的格式，它的全称是"joint photographic experts group"，这种图形格式是用来压缩连续色调图像的标准格式，所以应用最为广泛。这种格式的压缩率比较高，但在压缩的同时会丢失部分图形的信息，所以图形的质量比其他格式的图形质量差。JPEG/JPG 格式的图形支持全彩色模式，适合用来优化颜色丰富的图像。

2. GIF

GIF 是 Compu Serve 公司在 1987 年开发的图像文件格式，它的全称是 "graphic inter–change format"，是一种无损压缩格式，压缩率在 50% 左右，但对于画面颜色简单的图形能够具有非常高的压缩率。GIF 不属于任何应用程序，主要应用于网页动画、网页设计和网络传输等领域。

3. PNG

PNG 的全称是 "portable network graphics"，意为可移植网络图像，是由 Netscape 公司研发出来的。目前，IE 和 Netscape 两大浏览器已经全部支持该格式的图像。

3.2.3　项目演示

（1）新建一个 800 px × 800 px、分辨率为 72 ppi、RGB 颜色模式的白色背景空白文件。前景色设置为灰色（#919191），绘制一个倒圆角半径为 80 px 的圆角矩形，如图 3-2-2 所示。

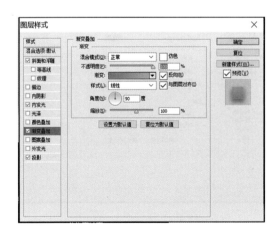

▲ 图 3-2-2　创建倒圆角矩形

（2）给倒圆角矩形添加渐变叠加效果，从浅灰到深灰的渐变，如图 3-2-3 所示。添加斜面和浮雕效果，如图 3-2-4 所示。添加内发光效果，如图 3-2-5 所示。添加投影，如图 3-2-6 所示。添加图层样式效果，如图 3-2-7 所示。

（3）给倒圆角矩形绘制辅助线，选择"圆形选区工具"，按"Alt+Shift"组合键，创建一个以中心点为基准点的圆形图层，作为内圆，如图 3-2-8 所示。

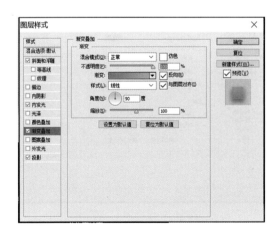

▲ 图 3-2-3　添加渐变叠加效果

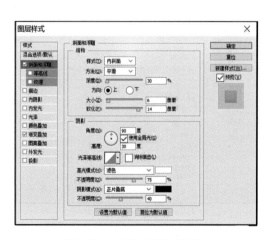

▲ 图 3-2-4　添加斜面和浮雕效果

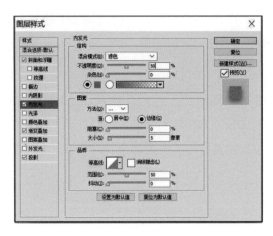

▲ 图 3-2-5　添加内发光效果

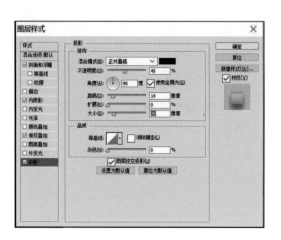

▲ 图 3-2-6　添加投影

▲ 图 3-2-7　添加图层样式效果

▲ 图 3-2-8　创建内圆

（4）给"内圆"图层设定图层样式，分别是斜面和浮雕、内阴影效果，如图 3-2-9 和图 3-2-10 所示。添加渐变叠加效果，如图 3-2-11 至图 3-2-13 所示。添加图层样式效果，如图 3-2-14 所示。

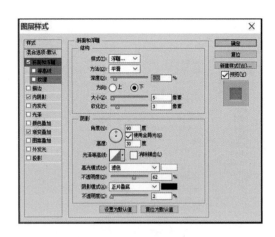

▲ 图 3-2-9　添加斜面和浮雕效果

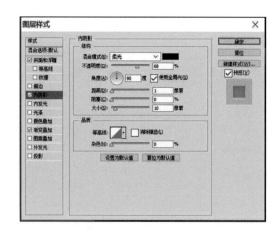

▲ 图 3-2-10　添加内阴影效果

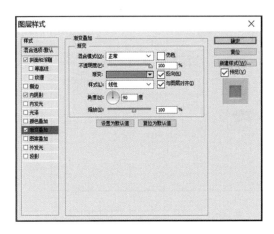

▲ 图 3-2-11　添加渐变叠加效果

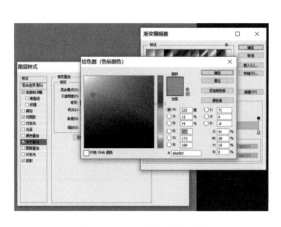

▲ 图 3-2-12　渐变叠加颜色 1

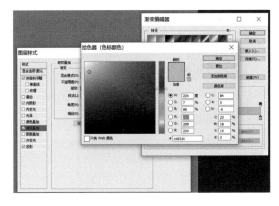

▲ 图 3-2-13　渐变叠加颜色 2

▲ 图 3-2-14　添加图层样式效果

（5）再按上述方法在内圆图层里新建一个内圆，添加斜面和浮雕效果，如图 3-2-15 所示。添加内阴影效果，如图 3-2-16 所示。添加内发光效果，如图 3-2-17 所示。添加渐变叠加及颜色，如图 3-2-18 至图 3-2-21 所示。添加图层样式效果，如图 3-2-22 所示。

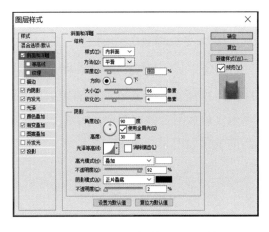

▲ 图 3-2-15　添加斜面和浮雕效果

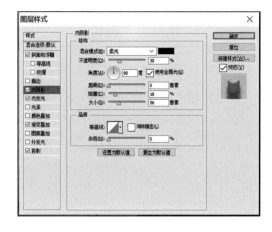

▲ 图 3-2-16　添加内阴影效果

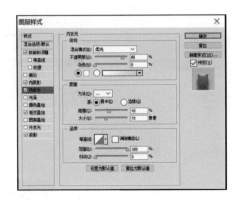

▲ 图 3-2-17　添加内发光效果

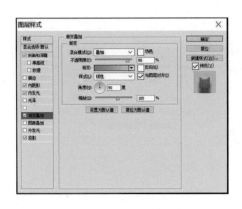

▲ 图 3-2-18　添加渐变叠加效果

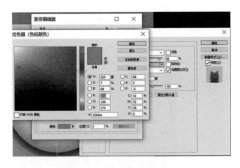

▲ 图 3-2-19　渐变叠加颜色 1

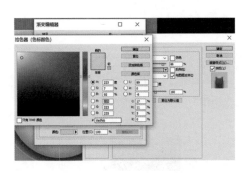

▲ 图 3-2-20　渐变叠加颜色 2

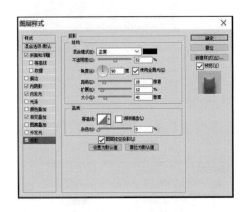

▲ 图 3-2-21　添加投影

▲ 图 3-2-22　添加图层样式效果

（6）依据上面的方式，再绘制一个内圆，如图 3-2-23 所示。为其添加内阴影效果，如图 3-2-24 所示。添加渐变叠加效果，如图 3-2-25 所示。添加渐变叠加颜色，如图 3-2-26 和 3-2-27 所示。添加投影，如图 3-2-28 所示。添加后的效果如图 3-2-29 所示。

▲ 图 3-2-23　绘制内圆

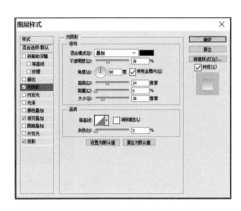

▲ 图 3-2-24　添加内阴影效果

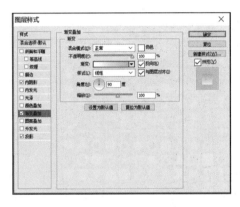

▲ 图 3-2-25　添加渐变叠加效果

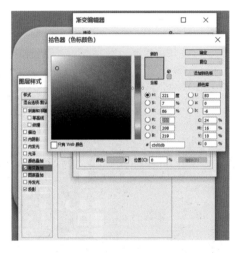

▲ 图 3-2-26　渐变叠加颜色 1

▲ 图 3-2-27　渐变叠加颜色 2

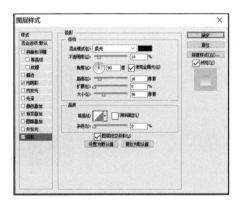

▲ 图 3-2-28　添加投影

▲ 图 3-2-29　添加图层样式效果

（7）接下来是按键的制作。为了使三角形按键有倒圆角的效果，要利用"自定义形状工具"，选择倒圆角三角形，在内圆上拖动出倒圆角三角形，并调整其位置，如图 3-2-30 和图 3-2-31 所示。

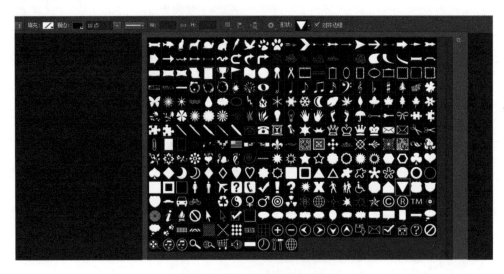

▲ 图 3-2-30　选择倒圆角三角形

▲ 图 3-2-31　拖动倒圆角三角形

（8）给倒圆角三角形按键设定图层样式。添加内阴影效果，如图 3-2-32 所示。添加渐变叠加颜色，如图 3-2-33 所示。添加外发光效果，如图 3-2-34 所示。完成按钮效果，如图 3-2-35 所示。

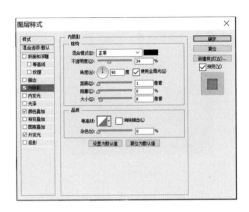

▲ 图 3-2-32　添加内阴影效果

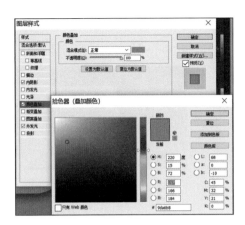

▲ 图 3-2-33　渐变叠加颜色

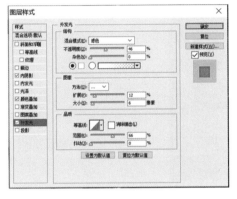

▲ 图 3-2-34　添加外发光效果

▲ 图 3-2-35　完成按钮效果

（9）绘制圆形进度条，在第一个内圆图层下面绘制一个椭圆的形状图层，不填充颜色，描边为红色，如图 3-2-36 所示。选中此图层并减去顶层形状，如图 3-2-37 所示。单击合并形状组件，如图 3-2-38 所示。

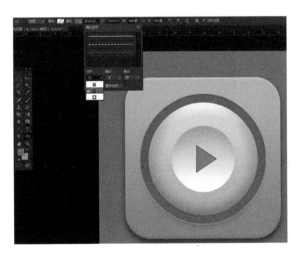

▲ 图 3-2-36　绘制圆形进度条

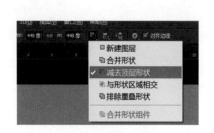

操作方式　　　　　　　　　　操作效果

▲ 图 3-2-37　减去顶层形状

▲ 图 3-2-38　合并形状组件

（10）运用"直接选择工具"，删除中心点，这样就可以剩下边缘线，如图 3-2-39 所示。最后在线性位置选择端点为圆角，如图 3-2-40 所示。完成最终效果，如图 3-2-41 所示。

▲ 图 3-2-39　删除中心点效果　　▲ 图 3-2-40　设置端点效果　　▲ 图 3-2-41　完成最终效果

3.2.4　评价与思考

本部分内容主要介绍了按钮的基础知识，按钮的制作运用了形状图层工具，呈现了图形的质感。形状图层的设置数值并不是固定不变的，设计人员可根据喜好适当调整，以得到不同的效果。

　　学完本部分内容后，你有什么收获呢？请根据自己的学习情况填涂评价表 3-2-1。

表 3-2-1　评价表 5

评价内容	评价要点	自我评价	小组评价	教师评价
参与态度	团队合作配合程度	☆ ☆ ☆ ☆ ☆	☆ ☆ ☆ ☆ ☆	☆ ☆ ☆ ☆ ☆
	时间分配是否合理	☆ ☆ ☆ ☆ ☆	☆ ☆ ☆ ☆ ☆	☆ ☆ ☆ ☆ ☆
	实训过程中的态度	☆ ☆ ☆ ☆ ☆	☆ ☆ ☆ ☆ ☆	☆ ☆ ☆ ☆ ☆
操作能力	能在规定时间内完成所有的实战操作	☆ ☆ ☆ ☆ ☆	☆ ☆ ☆ ☆ ☆	☆ ☆ ☆ ☆ ☆
	运用形状图层制作不同质感的图像，文件制作精细程度	☆ ☆ ☆ ☆ ☆	☆ ☆ ☆ ☆ ☆	☆ ☆ ☆ ☆ ☆
	文件尺寸、色彩模式、分辨率是否符合制作要求	☆ ☆ ☆ ☆ ☆	☆ ☆ ☆ ☆ ☆	☆ ☆ ☆ ☆ ☆
	整体布局要求严谨，色彩是否使用合理	☆ ☆ ☆ ☆ ☆	☆ ☆ ☆ ☆ ☆	☆ ☆ ☆ ☆ ☆
职业素养	能良好表达自己的观点，善于倾听他人的观点	☆ ☆ ☆ ☆ ☆	☆ ☆ ☆ ☆ ☆	☆ ☆ ☆ ☆ ☆
	能主动用不同方法完成项目，分析哪种方法更适合	☆ ☆ ☆ ☆ ☆	☆ ☆ ☆ ☆ ☆	☆ ☆ ☆ ☆ ☆
	主动向他人学习	☆ ☆ ☆ ☆ ☆	☆ ☆ ☆ ☆ ☆	☆ ☆ ☆ ☆ ☆
	提出新的想法、建议和策略	☆ ☆ ☆ ☆ ☆	☆ ☆ ☆ ☆ ☆	☆ ☆ ☆ ☆ ☆
实践创新	在完成项目前提下具有创新意识，有能力结合实际找到新的解决问题的办法	☆ ☆ ☆ ☆ ☆	☆ ☆ ☆ ☆ ☆	☆ ☆ ☆ ☆ ☆
自我反思与评价				

3.2.5　实战演练

绘制水晶按钮，如图 3-2-42 所示。

▲ 图 3-2-42　水晶按钮

3.3 实训 2 制作动态按钮

3.3.1 实训示例

一个合格的 UI 按钮需要有很好的交互功能，本实训示例运用 Adobe Photoshop 来制作按钮的动态效果，如图 3-3-1 和图 3-3-2 所示。

 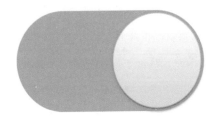

▲ 图 3-3-1　按钮关状态　　　　　▲ 图 3-3-2　按钮开状态

3.3.2 知识储备

为了设计 UI 按钮合适的交互方式，我们需要回顾实体按钮的发展历史。作为 UI 组件之一的按钮来源于实体按钮，现在被广泛应用于各类产品中。UI 按钮非常神奇，即使用户不懂其背后的原理，但只需手指触摸，就可以打开一个软件或者一个系统。在《按钮》这本书里，作者蕾切尔·普洛特尼克研究了按钮操作的文化起源，描述了按钮成为互联网产品的命令方式，可以毫不费力地实现操控。如图 3-3-3 所示，为按钮的起源与演化。

▲ 图 3-3-3　按钮的起源与演化

按钮吸引用户的地方在于，只需简单地触摸，就能获得处理事件的满足感。即使很多新家电和其他设备都升级成了触屏操作，实体按钮却并没有完全消失，其塑造的行为习惯仍然影响着 UI 按钮设计的直观性和易用性。

1. 按钮与链接的区别

按钮向用户提供了操作执行的途径，它们通常存在于用户界面中，如对话框、表单、工具栏等。而按钮和链接的区别在于链接可以导航到另一个位置，如"查看全部"页面、跳转另一个位置等；按钮则可以实现某个操作，如提交、合并、新建和上传等。

2. 按钮的状态

一个按钮可利用颜色的深浅变化来体现交互状态的差异。采用的配色可以递增（由浅到深），也可以递减（由深到浅）。按钮交互状态配色的深浅与整体页面的颜色调性有关。如果整体的调性偏深，配色可以递减（由深到浅），如果整体的调性偏浅，配色可以递增（由浅到深），如图 3-3-4 所示。

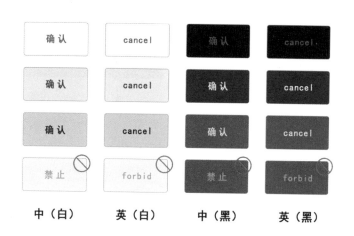

中（白）　　　英（白）　　　中（黑）　　　英（黑）

▲ 图 3-3-4　按钮交互的四种状态

正确的交互和样式对按钮设计十分重要。按钮的每个状态必须可识别，要明显区别于其他状态和周围的布局。按钮主要包括以下几种状态。

（1）普通状态指可交互和可用的状态。

（2）焦点状态指用户使用键盘或其他输入方法来突出显示一个元素的状态。

（3）悬停状态指用户把光标置于可交互元素上的状态。

（4）触发状态指用户已点击按钮后的状态。

（5）加载状态指当操作没有立即实现时，表示正在进行的状态。

（6）禁用状态指按钮目前不可交互，但以后可以使用的状态。

3.3.3　项目演示

（1）新建一个 800 px × 600 px、分辨率为 72 ppi、RGB 颜色模式的白色背景空白文件。

（2）新建倒圆角半径为 180 px、填充颜色为绿色（#00ff00）的圆角矩形图层，如图 3-3-5 所示。

制作动态按钮

（3）再创建一个倒圆角半径为 180 px、填充颜色为灰色（#b7b7b7）的倒圆角矩形图层（可以直接复制前一个倒圆角图层，填充色改为灰色），置于绿色图层下方，如图 3-3-6 所示。

▲ 图 3-3-5　绘制倒圆角矩形　　　　　　▲ 图 3-3-6　复制图层

（4）给灰色倒圆角矩形图层添加图层样式，描边为3像素，外对齐，颜色为"#7d7d7d"。然后添加内阴影效果，如图 3-3-7 所示。

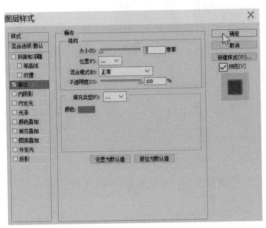

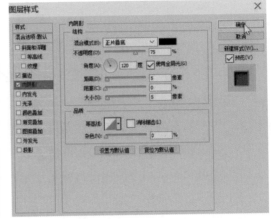

（a）　　　　　　　　　　　　　　（b）

▲ 图 3-3-7　复制图层并添加图层样式

（5）再绘制一个白色圆形图层，置于绿色图层上方，给该图层添加图层样式，如图 3-3-8 和图 3-3-9 所示。

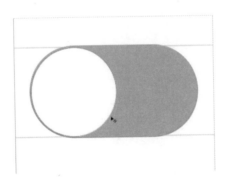

▲ 图 3-3-8　绘制白色圆形图层

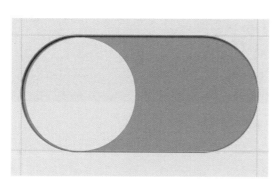
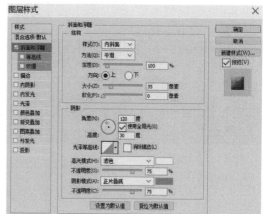

制作效果 操作界面

▲ 图 3-3-9 给圆形图层添加图层样式

（6）在制作动画前需要给图层改名称，分别为"圆""绿色""灰色"。然后，分别选择三个图层，单击鼠标右键，将它们逐个转换为智能对象，以便制作动画，如图 3-3-10 所示。

▲ 图 3-3-10 转换为智能对象

（7）在窗口中选择并创建时间轴，如图 3-3-11 所示。

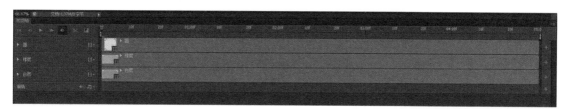

▲ 图 3-3-11 创建时间轴

（8）在时间轴上拖动时间线，设定为 2 秒，如图 3-3-12 所示。

▲ 图 3-3-12　设定 2 秒钟

（9）选中"圆"图层，在 0 秒处设置变换关键帧，在 2 秒处，且其他不变的情况下设置关键帧，在 1 秒处给"圆"图层做位移，移动到"绿色"图层的最右侧，并设置关键帧，完成"圆"图层的位移动画，如图 3-3-13 所示。

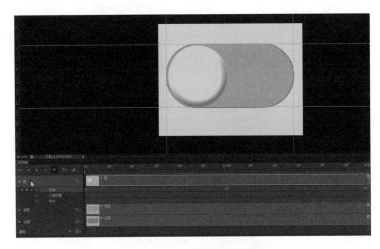

▲ 图 3-3-13　设置圆形关键帧

（10）选中"绿色"图层，在 0 秒处设置变换关键帧，通过改变中心点将"绿色"图层隐藏在"圆"图层后面，如图 3-3-14 所示。在 2 秒处，且其他不变的情况下设置关键帧，在 1 秒处将"绿色"图层放大并设置关键帧，完成图层的位移动画，如图 3-3-15 所示。

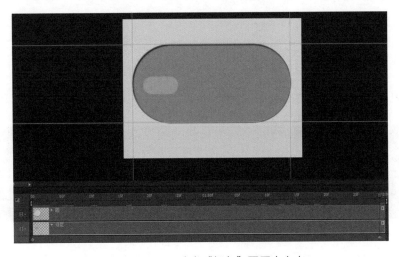

▲ 图 3-3-14　改变"绿色"图层中心点

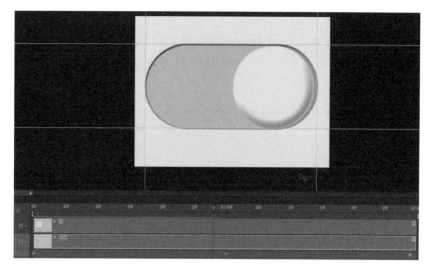

▲ 图 3-3-15 完成图层的位移动画

（11）单击"存储为 Web 所用格式"，将该按钮设计保存为 GIF 格式，如图 3-3-16 和图 3-3-17 所示。

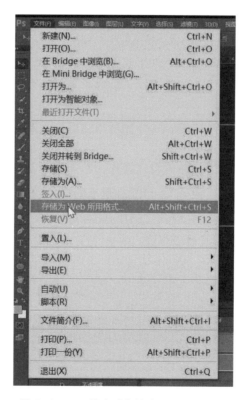

▲ 图 3-3-16 单击"存储为 Web 所用格式"

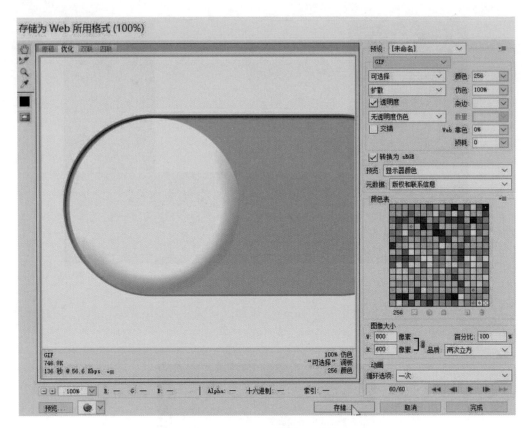

▲ 图 3-3-17　保存为 GIF 格式

3.3.4　评价与思考

本部分内容主要介绍了动态按钮的设计操作，希望大家能够运用 Adobe Photoshop 的动画功能制作出简单的交互动画。但 Adobe Photoshop 的动画效果简单，想要得到更复杂的效果，也可以用 Adobe After Effects 软件进行制作，Adobe After Effects 运用时间轴的制作原理与 Adobe Photoshop 相似，初学者可以很快上手。

学完本部分内容后，你有什么收获呢？请根据自己的学习情况填涂评价表 3-3-1。

表 3-3-1　评价表 6

评价内容	评价要点	自我评价	小组评价	教师评价
参与态度	团队合作配合程度	☆ ☆ ☆ ☆ ☆	☆ ☆ ☆ ☆ ☆	☆ ☆ ☆ ☆ ☆
	时间分配是否合理	☆ ☆ ☆ ☆ ☆	☆ ☆ ☆ ☆ ☆	☆ ☆ ☆ ☆ ☆
	实训过程中的态度	☆ ☆ ☆ ☆ ☆	☆ ☆ ☆ ☆ ☆	☆ ☆ ☆ ☆ ☆

续表

评价内容	评价要点	自我评价	小组评价	教师评价
操作能力	能在规定时间内完成所有的实战操作	☆ ☆ ☆ ☆ ☆	☆ ☆ ☆ ☆ ☆	☆ ☆ ☆ ☆ ☆
	运用 Adobe Photoshop 的时间轴制作动画效果，文件制作精细程度，时间及节奏	☆ ☆ ☆ ☆ ☆	☆ ☆ ☆ ☆ ☆	☆ ☆ ☆ ☆ ☆
	文件尺寸、色彩模式、分辨率是否符合制作要求	☆ ☆ ☆ ☆ ☆	☆ ☆ ☆ ☆ ☆	☆ ☆ ☆ ☆ ☆
	整体布局要求严谨，色彩是否使用合理	☆ ☆ ☆ ☆ ☆	☆ ☆ ☆ ☆ ☆	☆ ☆ ☆ ☆ ☆
职业素养	能良好表达自己的观点，善于倾听他人的观点	☆ ☆ ☆ ☆ ☆	☆ ☆ ☆ ☆ ☆	☆ ☆ ☆ ☆ ☆
	能主动用不同方法完成项目，分析哪种方法更适合	☆ ☆ ☆ ☆ ☆	☆ ☆ ☆ ☆ ☆	☆ ☆ ☆ ☆ ☆
	主动向他人学习	☆ ☆ ☆ ☆ ☆	☆ ☆ ☆ ☆ ☆	☆ ☆ ☆ ☆ ☆
	提出新的想法、建议和策略	☆ ☆ ☆ ☆ ☆	☆ ☆ ☆ ☆ ☆	☆ ☆ ☆ ☆ ☆
实践创新	在完成项目前提下具有创新意识，有能力结合实际找到新的解决问题的办法	☆ ☆ ☆ ☆ ☆	☆ ☆ ☆ ☆ ☆	☆ ☆ ☆ ☆ ☆
自我反思与评价				

3.3.5　实战演练

完成开关按钮的制作，如图 3-3-18 所示。

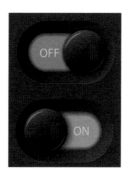

▲ 图 3-3-18　制作开关按钮

第4章 表单控件设计

不管是 App 还是网页的界面设计，表单都是最常见的元素。表单几乎是每一款数字产品不可或缺的组成部分，也是设计人员必须亲自设计的组件之一，它的作用无可替代。

学习目标

知识目标

（1）掌握表单的组成部分。

（2）掌握提升表单体验感的方法。

（3）掌握不同类型表单的制作方法。

能力目标

（1）能够运用 Adobe Photoshop 中的滤镜工具给图形添加不同类型的滤镜效果。

（2）能够运用文字工具书写文字。

（3）能够运用工具进行图形色调的调整。

素质目标

（1）提升审美素养，树立创新能力和职业敏感度。

（2）提升创新意识，养成敏锐的洞察力，拓展知识视野。

4.1 表单设计的基础知识

表单在 App 或网页中主要发挥数据采集的作用。也就是说，大部分具有数据采集功能的模块都可以被称为表单。表单本身只是一个数据采集的工具，它可以被灵活运用于多种功能模块中，例如，用于登录注册模块的信息采集、评论的编辑页、朋友圈的发布页等。一些常见表单如图 4-1-1 所示。

▲ 图 4-1-1　常见表单

4.1.1　表单的组成

一个表单有三个组成部分，如图 4-1-2 所示。

（1）表单标签（标签），如姓名、手机号、性别等。

（2）表单域（输入框），包含了文本框、密码框、隐藏域、多行文本框、复选框、单选框、下拉选择框和文件上传框等。

（3）表单按钮，包括提交按钮、保存按钮、复位按钮和一般按钮。表单按钮可以将表单数据传送至服务器。

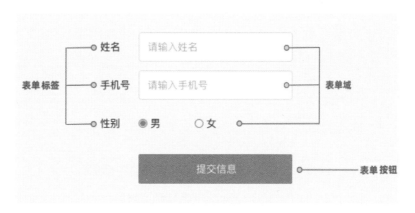

▲ 图 4-1-2　表单的组成

需要注意的是，表单一般包含以上组成部分，但不是一定包含全部组成部分，如自动保存或触发的表单页面就可以没有提交按钮。

在某些情况下，列表、导航与表单的表现形式可能非常相似，让用户容易混淆。列表、导航和表单的概念如表 4-1-1 所示。

表 4-1-1　列表、导航和表单的概念

标签	概念
列表	列表是一种数据项构成的由有限序列排列而成的数据项的集合，在这种数据结构上进行的基本操作包括对元素的查找、插入和删除
导航	导航是检测和控制对象从一个点到另一个点的过程。在网站或 App 中，导航被用于定位用户当前所在页面位置，或引导用户从当前位置移动到其他位置
表单	表单在网站或 App 中作为数据采集工具而存在。判断一个页面是否属于表单，关键在于是否发生了数据的采集。从表现形式上，可以看是否有表单域常用的控件，如文本框、单选多选、下拉菜单、开关等，以及是否有提交、清空等按钮

4.1.2　提升表单的体验感

从本质上说，好用的表单应该是易于用户理解且能让用户感到舒适的。易于理解的表单能够帮助用户更好地对它们进行填写，这能让用户觉得自己是在跟表单进行交流，有被关注的感觉，而不是单向地机械输入。

1. 尽可能减少不必要的表单项目

对于用户来说，判断某个字段信息是否有必要在表单中进行填写是很重要的，因为每多一个需要填写的项目，就有可能流失一部分用户或降低用户的好感度。如注册表单，如果让用户使用邮箱注册，那么用户的姓名字段是不是注册的必填项？如果不是必填项，是否可以在之后的信息完善中进行填写？再如，姓名和生日等信息并不会影响用户对网站的浏览，并且涉及个人隐私，用户可能并不愿意在不熟悉产品的时候就填写这些信息，所以没有必要在注册的过程中要求用户填写。注册时只需要填写邮箱和密码，而姓名和生日在需要时再进行完善，这种表单会让用户的体验感更好。如图 4-1-3 所示，为表单简洁性对比。

▲ 图 4-1-3　表单简洁性对比

2. 尽可能减少表单中的多余字段

表单提供的字段过多，用户对它的第一印象就会是"冗杂""麻烦""沉重"的，用户填写的体验感也会变差。如果是登录注册的表单，就有可能因此流失掉一部分用户。所以，设计人员应该修改预填充内容，尽可能减少多余的字段，如图 4-1-4 所示。

▲ 图 4-1-4　表单多余字段对比

3. 选择最简单的填写方式

设计的目的是让用户以最方便、最快速的方式完成内容的填写。简单地说，就是能不填写就不填写，能通过选择填入就不用文字输入，选择一次就能实现的就不要选择两次。

如图 4-1-5 所示，某点餐 App 在用户添加收货地址时，会自动为用户勾选性别，因为这个选项至少可以为一半的用户减少一项信息的填写，而且即便是性别选择错误也不会对收货产生什么实质影响。如图 4-1-6 所示，某 App 的充值中心会自动为用户选择本机号码，并且将用户充值的金额用卡片的形式呈现出来，不需要用户输入号码或者输入充值金额，只需要通过几次简单的点击用户即可完成充值，非常方便。

▲ 图 4-1-5 某点餐 App 收货地
址表单

▲ 图 4-1-6 某 App 充值中
心表单

4. 分页展示填写内容

有时候表单的内容可能非常长，需要用户进行大量的填写，这个时候要注意，避免一次性把所有需要填写的内容都展示给用户，如果用户觉得需要在这个表单上花费大量的时间，就有可能放弃填写。

在很多产品的手机号注册页中，手机号输入、验证码输入、密码输入等填写内容会进行分页。当这三个项目被集中在一页时，用户需要在输入手机号码后进行等待，然后才能继续输入下一项，这会让用户产生这个表单程序繁复、进展缓慢的感觉；将这三个项目分页处理后，在一页中用户只需要填写一个或两个内容，跳转的时间又掩盖了一部分等待验证码的时间，用户会觉得进展更快、更流畅，如图 4-1-7 所示。

手机号填写　　　　　　　　　验证码填写

▲ 图 4-1-7　分页注册表单

4.1.3　表单的布局设计

1. 表单布局

1）单列布局

单列布局的信息自上而下排列，这可以使用户的视觉动线更加稳定，横向的视觉跨度更短，信息阅读和填写的效率更高，所以它是设计人员首选的布局方式。但在长表单场景下，用户需要滚动屏幕才能查看完整的表单信息，如图 4-1-8 所示。

▲ 图 4-1-8　单列布局表单

2）多列布局

多列布局下，一个屏幕可以容纳更多信息，屏幕使用效率更高，可以有效地避免出现滚动条。对于高频的长表单操作，采用多列布局的方式可以减少频繁滚动屏幕给用户带来困扰。当然多列布局表单的信息密度也更大，该表单一般为左右两列布局，设计时要注意其列数最好不要超过两列，否则会影响用户的填写效率，如图 4-1-9 所示。

▲ 图 4-1-9　多列布局表单

2. 标签排列

常见的标签有五种：顶部标签、右对齐标签、左对齐标签、内联标签、浮动标签。

1）顶部标签

顶部标签的排列方式符合用户自上而下的浏览习惯，标签与输入域的联系更加紧密，用户视觉横向移动距离小，所以信息读取的效率更高。另外，标签单独占据一行空间，信息扩展性更强。但这种排列方式的问题也是显而易见的，标签挤占了纵向空间，这会增加表单的总体长度。顶部标签更适合信息量不大、简单的表单场景，如登录、注册等，如图 4-1-10 所示。

▲ 图 4-1-10　顶部标签表单

2）右对齐标签

右对齐标签的排列方式拉近了标签与表单域的距离，并形成固定间距。但由于标签的长度不同，用户的视线起始点会发生跳跃，用户的阅读效率会受到影响，如图 4-1-11 所示。

不过对于普通表单，右对齐标签可以兼顾效率和页面空间布局，因此在 B 端产品（也叫"2B"产品，B 即 business，使用对象是组织或企业）中应用比较广泛。

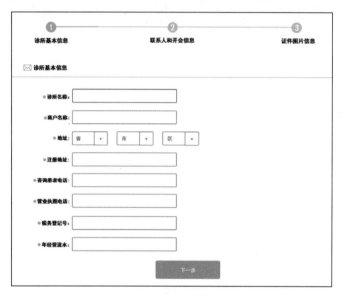

▲ 图 4-1-11　右对齐标签表单

3）左对齐标签

从整体上来看，左对齐标签的视觉结构性更强，有利于标签信息的阅读，用户视线不会受到输入框的干扰，可以非常顺畅地浏览标签，方便用户快速定位必填项。

由于左对齐标签的长度不一，为了保证所有标签都可以正常显示，标签与表单域的间距会有所增加，这导致信息读取效率偏低。

左对齐标签可以用在复杂场景中，减缓用户的填写速度，尤其是那些有大量可选输入框的页面，结合"*"号标识符可以使用户快速定位必填项。在高级设置的场景中，字段信息对用户相对比较陌生时，左对齐标签可以让用户仔细考虑表单中的每个信息项，如图 4-1-12 所示。

▲ 图 4-1-12　左对齐标签表单

4）内联标签

内联标签是指将标签放在输入域内显示，标签代替了占位文本，能告诉用户应该填写什么内容。内联标签常见于注册登录页，如图 4-1-13 所示。

▲ 图 4-1-13 内联标签表单

内联标签解决了标签文字过长的问题，并且可以降低表单的视觉信息量。但是这也带来了另一个问题，就是内置的标签信息会随着内容信息输入而消失。内联标签通常仅用于登录页面，因为用户对登录页的内容模式已经非常熟悉了，理解成本很低，所以不会给用户带来困扰。

如果内联标签用在其他类型的表单页面，就容易让用户产生困惑。特别是在用户输入出错的场景下，如果信息提醒得不到位，就很容易增加用户的理解成本和使用难度。

5）浮动标签

浮动标签是指用户在录入时，内部标题（输入性提示信息）进行浮动位移。这在一定程度上弥补了内联标签消失的缺陷，但需要额外的开发工作量，并且拓展性不强，不适合作为主要的标签形式应用在业务表单中，如图 4-1-14 所示。

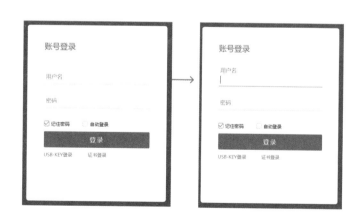

▲ 图 4-1-14 浮动标签表单

综上所述，表单设计是用户与产品对话的重要途径之一，优秀的表单设计能够帮助用户提高数据录入的效率、容错率，进而提高整个产品的用户留存率。

提升表单设计用户体验的四个关键步骤：首先，优化信息层级；其次，为用户提供便捷的操作流程，减少用户不必要的操作；再次，在用户录入表单的时候需要对用户的行为给予及时的反馈；最后，表单设计要符合用户当前的使用场景，能够满足用户的情感需求。此外，动效是表单设计的加分项，合理运用动效设计能够增加页面的趣味性，并且能使用户更加专注于当前的操作。

4.2 实训1 制作飞行表单

4.2.1 实训示例

制作一个飞机飞行时刻表，如图 4-2-1 所示，采用扁平化的设计风格，合理使用颜色，使表单与背景有很强的一致性。比如，背景运用蓝天图像，但是实体太突出会弱化前面的内容，所以需要虚化背景。出发地和目的地是表单主要的控件，设计时要让用户一目了然。

▲ 图 4-2-1 飞机时刻表表单

知识链接

国产大飞机

C919 大型客机是我国首款按照国际通行适航标准自行研制、具有自主知识产权的喷气式干线客机。座级 158 ～ 192 座，航程 4075 ～ 5555 千米。2015 年 11 月 2 日完成总装下线，2017 年 5 月 5 日成功首飞，2022 年 9 月 29 日获得中国民用航空局颁发的型号合格证，2022 年 12 月 9 日全球首架交付，2023 年 5 月 28 日圆满完成首次商业飞行。

国产大飞机获得生产标准，标志着我们拥有独立生产大飞机的技术。国产大飞机获得运营许可证，说明我们的大飞机有安全保证，是经得起检验的大飞机。国产大飞机现在正式运行，说明我国的大飞机技术已经成熟并且完全可以商用。这对于目前我国民用航天领域是有重大意义的，不仅可以降低维护成本，还可以促进国产飞机的市场化。大飞机的首飞、运营都是我国人才强国、创新强国战略实施的重大成果。往后更多的科研成果都会如井喷一样涌现出来，我国成为创新强国指日可待。

4.2.2 技术储备

（1）文本的分类如下。

①美术字文本：直接输入的文本。

优点：输入方便，便于编辑。

缺点：不能自动换行。

适用对象：少量文本的输入，可用处理图像的方法编辑美术字文本。

②段落文本：按住鼠标左键拖拽出文本框，在其中输入的文字。

优点：可以自动换行。

缺点：输入不方便，不便于编辑。

适用对象：段落较长的文本输入，如报纸、说明书、宣传材料等。

（2）文字的输入工具如下。

①横排文字工具。

②直排文字工具。

③横排文字蒙版工具：文字选区。

④直排文字蒙版工具：文字选区。

（3）字符的编辑：（字符／段落控制面板）字体、字号、字距、行距、文字样式。

（4）段落的编辑：（字符／段落控制面板）对齐、缩进、段落间距。

（5）变形文本：使输入的文字产生变形。

（6）文本适配路径：文字绕路径排列。

4.2.3　项目演练

（1）新建一个 600 px×800 px、分辨率为 72 ppi、RGB 颜色模式的白色背景文件。

（2）载入"天空"素材文件，如图 4-2-2 所示，选择"文件"→"滤镜"→"模糊"→"高斯模糊"，设置模糊半径为 4.7 px，如图 4-2-3 所示。

飞行表单界面制作

▲ 图 4-2-2　载入"天空"素材

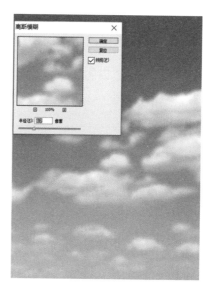

▲ 图 4-2-3　高斯模糊

（3）绘制一个倒圆角为 18 px 的圆角矩形，放在素材画面中间，如图 4-2-4 所示。在图层控制面板中添加外发光的效果，如图 4-2-5 所示。

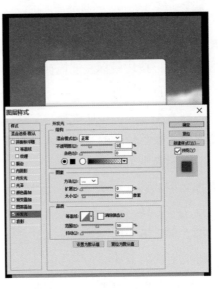

▲ 图 4-2-4　绘制中心的倒圆角矩形　　　▲ 图 4-2-5　添加外发光效果

（4）绘制辅助线，在白色背景层上，按"Alt+Shift"组合键，绘制以中心点为基准点的圆形选区，如图 4-2-6 所示，选择白色倒圆角矩形图层，按右键栅格化图层，再按"Delete"删除选区内容。按"Alt+S+T"组合键，缩小选区，新建图层，填充黑色圆形，如图 4-2-7 所示。

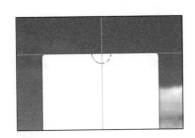

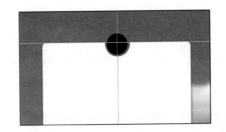

▲ 图 4-2-6　绘制圆形选区　　　　　　▲ 图 4-2-7　填充黑色

（5）给黑色圆形设置内阴影效果，如图 4-2-8 所示。添加斜面和浮雕效果，如图 4-2-9 所示。设置等高线，如图 4-2-10 所示。完成效果如图 4-2-11 所示。

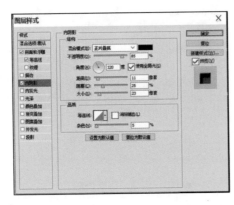

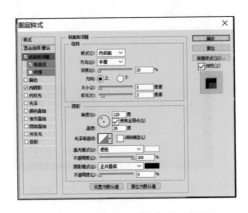

▲ 图 4-2-8　添加内阴影效果　　　　　▲ 图 4-2-9　添加斜面和浮雕效果

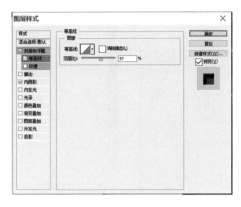

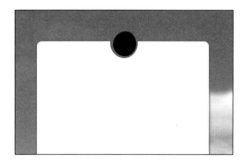

▲ 图 4-2-10　设置等高线　　　　　　　　▲ 图 4-2-11　完成效果

（6）将飞机素材调出，白色的背景可以用魔术橡皮擦删除，如图 4-2-12 所示。最后用移动工具将飞机素材拖动到目标文件中，如图 4-2-13 所示。

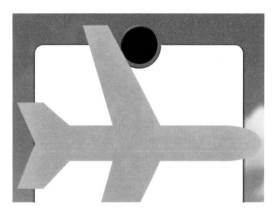

▲ 图 4-2-12　用魔术橡皮擦删除背景　　　▲ 图 4-2-13　飞机素材拖动到文件中

（7）缩放飞机素材并将其放置在适合的位置上，如图 4-2-14 所示。单击 "?" 键（快捷键）锁定透明像素，填充白色，如图 4-2-15 所示。

▲ 图 4-2-14　放置飞机素材　　　　　　　▲ 图 4-2-15　给飞机素材填充白色

（8）绘制辅助线，创建半径为 10 像素的倒圆角矩形，填充白色，添加描边和内阴影效果，绘制表单框，如图 4-2-16 至图 4-2-18 所示。

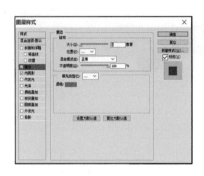 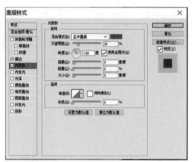 

▲ 图 4-2-16　添加描边效果　　▲ 图 4-2-17　添加内阴影效果　　▲ 图 4-2-18　绘制表单框

（9）输入橙色（#cc7c06）及深灰色（#3c3c3c）的文字，如图 4-2-19 至图 4-2-21 所示。

（10）完成文字的输入及对话框的复制，如图 4-2-22 所示。

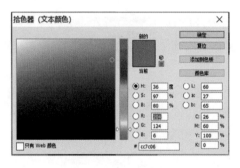 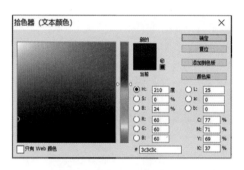

▲ 图 4-2-19　文字颜色 1　　　　　　　▲ 图 4-2-20　文字颜色 2

 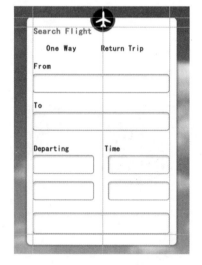

▲ 图 4-2-21　书写文字效果　　▲ 图 4-2-22　完成表单框和文字效果

（11）制作复选框，可以用之前对话框的图层样式，先拷贝之前的图层样式，再进行粘贴图层样式，如图 4-2-23 至图 4-2-25 所示。

▲ 图 4-2-23　绘制复选框　　▲ 图 4-2-24　拷贝图层样式　　▲ 图 4-2-25　粘贴图层样式

（12）制作上下按钮，选择"形状工具"中的三角形，复制到相应的位置上，如图 4-2-26 和图 4-2-27 所示。

▲ 图 4-2-26　绘制三角形

▲ 图 4-2-27　设置三角形位置

（13）绘制最下方的"搜索"按钮，先绘制一个倒圆角矩形，再进行图层样式设置，添加描边、内阴影和渐变叠加等效果，最后完成"登录"按钮的制作，如图 4-2-28 至图 4-2-31 所示。

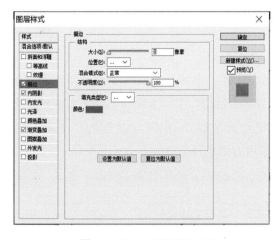

▲ 图 4-2-28　添加描边效果

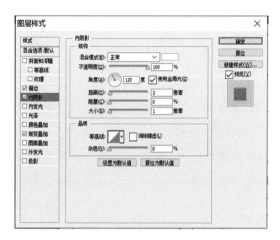

▲ 图 4-2-29　添加内阴影效果

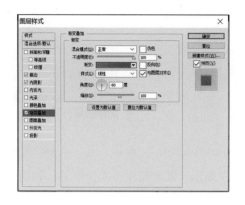

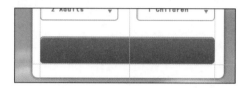

▲ 图 4-2-30　添加渐变叠加效果　　　　▲ 图 4-2-31　完成登录按钮的制作

（14）输入文字，为文字添加投影，最后的完成效果如图 4-2-32 和图 4-2-33 所示。

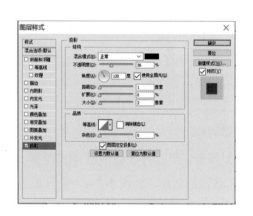

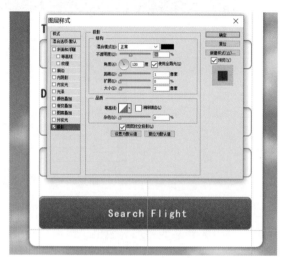

▲ 图 4-2-32　为文字添加投影　　　　　▲ 图 4-2-33　完成效果

4.2.4　评价与思考

　　无论是填写 App 表单还是网页表单，用户都会犹豫。设计人员或开发人员要学会将这个过程变得便捷而轻松，达成设定目标才是设计最终的目的。设计人员应当让表单设计成为优势技能，而非弱点。有针对性的表单设计、贴心细致的细节和体验、持续的改良和调整、高效的提交方式、顺畅的流程，这些才是优秀表单应有的设计。

　　学完本部分内容后，你有什么收获呢？请根据自己的学习情况填涂评价表 4-2-1。

表 4-2-1　评价表 7

评价内容	评价要点	自我评价	小组评价	教师评价
参与态度	团队合作配合程度	☆ ☆ ☆ ☆ ☆	☆ ☆ ☆ ☆ ☆	☆ ☆ ☆ ☆ ☆
	时间分配是否合理	☆ ☆ ☆ ☆ ☆	☆ ☆ ☆ ☆ ☆	☆ ☆ ☆ ☆ ☆
	实训过程中的态度	☆ ☆ ☆ ☆ ☆	☆ ☆ ☆ ☆ ☆	☆ ☆ ☆ ☆ ☆

续表

评价内容	评价要点	自我评价	小组评价	教师评价
操作能力	能在规定时间内完成所有的实战操作	☆☆☆☆☆	☆☆☆☆☆	☆☆☆☆☆
	综合运用 Adobe Photoshop 知识制作项目，文件制作精细程度	☆☆☆☆☆	☆☆☆☆☆	☆☆☆☆☆
	文件尺寸、色彩模式、分辨率是否符合制作要求	☆☆☆☆☆	☆☆☆☆☆	☆☆☆☆☆
	整体布局要求严谨，色彩、版式、文字运用是否使用合理	☆☆☆☆☆	☆☆☆☆☆	☆☆☆☆☆
职业素养	能良好表达自己的观点，善于倾听他人的观点	☆☆☆☆☆	☆☆☆☆☆	☆☆☆☆☆
	能主动用不同方法完成项目，分析哪种方法更适合	☆☆☆☆☆	☆☆☆☆☆	☆☆☆☆☆
	主动向他人学习	☆☆☆☆☆	☆☆☆☆☆	☆☆☆☆☆
	提出新的想法、建议和策略	☆☆☆☆☆	☆☆☆☆☆	☆☆☆☆☆
实践创新	在完成项目前提下具有创新意识，有能力结合实际找到新的解决问题的办法	☆☆☆☆☆	☆☆☆☆☆	☆☆☆☆☆
自我反思与评价				

4.2.5　实战演练

完成表单的制作，如图 4-2-34 所示。

▲ 图 4-2-34　表单示例

4.3 实训2 制作简洁表单

4.3.1 实训示例

如图 4-3-1 所示为一款登录表单，它采用线性的设计风格，背景做了滤镜模糊效果处理，表单颜色与背景完全融合，看起来和谐统一。

▲ 图 4-3-1 登录表单示例

4.3.2 技术储备

简洁表单的制作涉及图像的调整技术。

1. 色彩模式

（1）位图：只有黑白两色，文件较小。

（2）灰度模式：可表现丰富的色调，包含 256 级灰度，是从其他模式转换成位图模式的中介模式。

（3）索引模式：包含 256 种颜色，通常用于网络。

（4）RGB 模式：红色、绿色、蓝色。

（5）CMYK 模式：青色、洋红、黄色、黑色。

（6）LAB 模式：在不同颜色内部转换的模式。L 指明度，A 指从绿色到红色的渐变，B 指从蓝色到黄色的渐变。

2. 色调的调整

（1）色阶"Ctrl+L"组合键：用来调整图像的明暗，可对单通道的图像进行调整。色阶分为三个色阶调节按钮：最左侧的按钮调节暗调，中间的按钮调节中间色调，最右侧的按钮调节亮调。

（2）自动色阶"Ctrl+Shift+L"组合键：可执行等量的色阶调整。

（3）自动对比度"Ctrl+Shift+Alt+L"组合键：可执行等量的对比度调整。

（4）曲线"Ctrl+M"组合键：可以用曲线调整图像的明暗度，如有明暗变化的文字。

（5）亮度 / 对比度：是调整图像的色调最简单的方法。可以同时调整图像的所有像素、高光、暗调、中间调，如裂纹。

（6）暗调 / 高光：调节图像的明暗调。

3. 色彩的调整

（1）色彩平衡"Ctrl+B"组合键：可以在彩色图像中改变颜色的混合。

（2）去色"Ctrl+Shift+U"组合键：可以去除图像的色彩。

（3）色相 / 饱和度：可调整图像成分的色相、饱和度、亮度。

（4）替换颜色：可在图像中选定颜色，然后调整它的色相、饱和度、亮度，相当于色彩范围加色相 / 饱和度。

（5）可选颜色：可用来校正不平衡问题和调整颜色。

（6）反相"Ctrl+I"组合键：可以翻转图像中的颜色。颜色转换为这种颜色的补色。

（7）照片滤镜：调整图形的色温（调节冷暖）。

4.3.3　项目演练

制作简洁表单

（1）新建一个 1280 px×900 px、分辨率为 72 ppi、RGB 颜色模式的白色背景文件。把风景图片拖动到空白文件中，为了让背景图片虚化以突出前面的内容，选择"滤镜"→"模糊"，将图片设置为半径为 8 px 的"高斯模糊"，如图 4-3-2 所示。

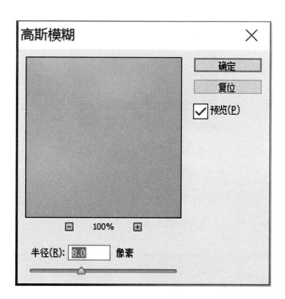

▲ 图 4-3-2　背景高斯模糊

（2）按"Ctrl+U"组合键调整色相饱和度，再按"Ctrl+M"组合键调整图片明暗度，如图 4-3-3 和图 4-3-4 所示。

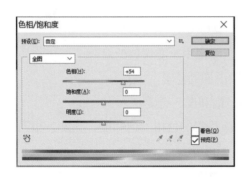

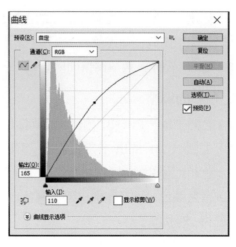

▲ 图 4-3-3　调整色相饱和度　　　　▲ 图 4-3-4　调整图片明暗度

（3）新建图层创建一个倒圆角半径为 18 px 的圆角矩形图层，描边颜色为白色，描边粗度为 3 px，如图 4-3-5 和图 4-3-6 所示。

▲ 图 4-3-5　设置描边路径

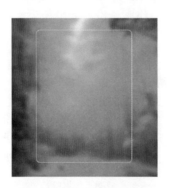

▲ 图 4-3-6　描边效果

（4）打开图标素材文件，选择魔棒工具删除白色区域，如图 4-3-7 所示，用"魔棒工具"将黑色内容和白色背景分成两个图层，然后分别将它们替换成白色和灰色，最后按"Ctrl+E"组合键合并这两个图层，如图 4-3-8 所示。

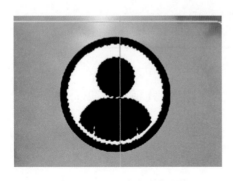

▲ 图 4-3-7　分出两个图层　　　　▲ 图 4-3-8　灰色背景

（5）先绘制辅助线，然后创建倒圆角矩形图层，倒圆角半径为 30 像素，设置为仅描边，描边粗度为 3 像素，再复制两个图层移动到相应位置，最后将复制的图层填充为白色，不设置描边，并输入文字，如图 4-3-9 所示。

（6）用锁定透明像素的方法，把邮箱图标与密码图标填充为白色，放在相应的位置上，完成操作，如图 4-3-10 所示。

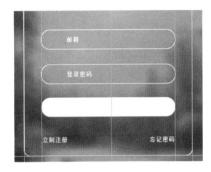
▲ 图 4-3-9　设置倒圆角选区

▲ 图 4-3-10　添加图标

4.3.4　评价与思考

作为 UI 设计人员，需要谨记，通过优化视觉表现提升表单体验只是表象，更多的是得考虑到表单最终要帮用户解决什么问题，表单对于所设计的产品或项目起到了什么作用。换言之，先想好为什么做，再想怎么做。

学完本部分内容后，你有什么收获呢？请根据自己的学习情况填涂评价表 4-3-1。

表 4-3-1　评价表 8

评价内容	评价要点	自我评价	小组评价	教师评价
参与态度	团队合作配合程度	☆ ☆ ☆ ☆ ☆	☆ ☆ ☆ ☆ ☆	☆ ☆ ☆ ☆ ☆
	时间分配是否合理	☆ ☆ ☆ ☆ ☆	☆ ☆ ☆ ☆ ☆	☆ ☆ ☆ ☆ ☆
	实训过程中的态度	☆ ☆ ☆ ☆ ☆	☆ ☆ ☆ ☆ ☆	☆ ☆ ☆ ☆ ☆
操作能力	能在规定时间内完成所有的实战操作	☆ ☆ ☆ ☆ ☆	☆ ☆ ☆ ☆ ☆	☆ ☆ ☆ ☆ ☆
	综合运用 Adobe Photoshop 知识制作项目，文件制作精细程度	☆ ☆ ☆ ☆ ☆	☆ ☆ ☆ ☆ ☆	☆ ☆ ☆ ☆ ☆
	文件尺寸、色彩模式、分辨率是否符合制作要求	☆ ☆ ☆ ☆ ☆	☆ ☆ ☆ ☆ ☆	☆ ☆ ☆ ☆ ☆
	整体布局要求严谨，色彩、版式、文字运用是否使用合理	☆ ☆ ☆ ☆ ☆	☆ ☆ ☆ ☆ ☆	☆ ☆ ☆ ☆ ☆
职业素养	能良好表达自己的观点，善于倾听他人的观点	☆ ☆ ☆ ☆ ☆	☆ ☆ ☆ ☆ ☆	☆ ☆ ☆ ☆ ☆
	能主动用不同方法完成项目，分析哪种方法更适合	☆ ☆ ☆ ☆ ☆	☆ ☆ ☆ ☆ ☆	☆ ☆ ☆ ☆ ☆

续表

评价内容	评价要点	自我评价	小组评价	教师评价
职业素养	主动向书本及他人学习	☆ ☆ ☆ ☆ ☆	☆ ☆ ☆ ☆ ☆	☆ ☆ ☆ ☆ ☆
	提出新的想法、建议和策略	☆ ☆ ☆ ☆ ☆	☆ ☆ ☆ ☆ ☆	☆ ☆ ☆ ☆ ☆
实践创新	在完成项目前提下具有创新意识，有能力结合实际找到新的解决问题的办法	☆ ☆ ☆ ☆ ☆	☆ ☆ ☆ ☆ ☆	☆ ☆ ☆ ☆ ☆
自我反思与评价				

4.3.5　实战演练

完成下方表单的制作，如图 4-3-11 所示。

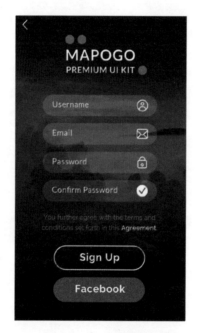

▲ 图 4-3-11　简洁表单示例

第5章 导航控件设计

一个网页或 App 产品要想有很好的可用性，最基本的一点是要做好导航的设计或者说引导用户的设计。如果用户在使用一个网站或者 App 的时候找不到自己所处的位置或者无法访问想要到达的页面，那么界面设计的视觉效果再怎么有创意或者抓人眼球都无法弥补产品的缺陷。无论产品想满足用户什么需求，都得让用户知道该产品当下的状态和他每一步操作之后的结果，这是对用户最基本的尊重。

导航是页面结构和界面设计的重要部分，它可以使产品内容和功能结构化，突出核心功能，扁平化用户任务路径，本章将用一些案例介绍常见的导航形式和导航设计的技巧。

| 学习目标 |

知识目标

（1）掌握导航栏的作用。

（2）掌握导航控件的特点及设计形式。

（3）掌握导航控件的设计原则。

能力目标

（1）能够运用选区工具熟练绘制图像。

（2）能够运用橡皮擦工具完成特殊效果。

（3）掌握渐变工具的使用方式。

素质目标

（1）形成自觉保护环境、发展绿色生态产业的意识。

（2）树立敬业、精益求精、专注、创新的工匠精神。

5.1 导航控件的基础知识

导航（navigation）是指通过一定的技术手段，为访问者提供一定的途径，使其可以方便地访问到所需的内容。

界面导航表现为界面的栏目菜单、辅助菜单、其他在线帮助等形式。界面导航设置是在网页栏目结构的基础上，进一步为用户浏览网页提供的提示系统。由于各个网页的设计并没有统一的标准，不仅菜单设置各不相同，打开网页的方式也有所区别，有些是在同一窗口内打开新网页，有些是需要新打开一个窗口，因此仅有网页栏目菜单可能会让用户在浏览网页过程中迷失方向，如无法回到首页或者上一级页面等，这时就需要设置辅助性的导航来帮助用户浏览网页信息。

从交互方面来看，用户在使用传统方式阅读时，所处的空间是单向的，只能向前或向后翻页；而在网页领域，所有的内容都存放在各自的 URL（统一资源定位符）里，信息在多维度、多空间里相互交错、彼此联系，可跳跃的阅读方式很容易让用户失去位置感。

从业务方面来说，当潜在用户想要了解某个产品时，导航就开始起作用了。一方面导航能影响点击量，用户通过搜索点击影响网站的排名高低；另一方面导航能影响用户转化率，可用性高的导航能充分展示有用信息，建立流畅的交互，从而使访问者转化为潜在用户的概率升高。

5.1.1　导航控件的特点

1. 稳定性

顶部导航栏一般会显示在应用每个页面的顶部，有时是常驻存在，有时根据页面需要进行隐藏。很少会有页面完全不需要导航栏，而整个应用都不需要导航栏的情况几乎不存在，如图 5-1-1 所示。

▲ 图 5-1-1　导航栏的稳定性

2. 指引性

之所以叫作导航栏，是因为它有导航作用，用户可以通过导航栏知道自己所处的页面（导航栏标题）、位置（一级导航、二级导航，靠返回按钮区分），还可以通过导航栏回到最开始的位置。

3. 统一性

在同一个应用内，导航栏的位置、高度和所展示的信息都具有相对统一性，目的是增加用户的熟悉度，这也是页面一致性所要求的，如图 5-1-2 所示。

▲ 图 5-1-2　导航栏的统一性

5.1.2　导航控件设计的原则

1. 信息层

1）信息结构尽可能扁平

设计人员要多花一些时间去考虑信息体系结构，可根据首页来规划全局的导航。首页是用户在网站中浏览的起点，设计人员应考虑如何让用户尽可能快速地从网站上的宽泛内容（首页）转到他们所需的更加具体的内容上。

2）重视导航的顺序

当同一级别的导航数量很多时，导航的顺序变得更加重要。根据用户的认知习惯，导航栏的开头和结尾是关注度（最先看到的）和保留度（刚刚发生的）最高的地方，其内容要更加突出。

3）优化导航关键词

良好的网站导航结构可以帮助搜索引擎了解哪些是网站站长认为重要的内容，导航的文字部分尽量用一些具体的描述词语而非宽泛的，如"产品""服务"等。虽然搜索引擎的搜索结果是在页面级别提供的，但它也希望了解页面在网站这个更大层面上的角色定位。导航中关键词的使用会影响其在搜索引擎中被搜索到的内容质量。

4）创建网站地图

网站地图是一个用于显示网站结构的简单页面，通常包含网站页面的分层列表。在网站上查找信息遇到问题时，用户可以访问此页面以获得帮助。此外，搜索引擎也会访问此页面，这样可以使其抓取的范围尽量覆盖网站的全部页面。

2. 表现层

1）一致性

同一类型导航的视觉表现与交互操作在整个网站页面中要保持一致，清晰一致的导航可以让用户预见每一步操作的结果。

2）清晰性

（1）颜色与大小：文字颜色与背景颜色的对比，标题与内容字号的大小，这些最基本的元素直接影响导航的清晰度。

（2）留白与装饰：与平面设计原理一样，留白可以让网站页面布局平衡、张弛有度；装饰与留白相结合，可以让导航表现得更精美，也有助于视觉分割。

（3）强调与弱化：起引导作用的导航需要被突出，起辅助作用的导航需要被弱化，强弱对比能够丰富视觉层次，并让导航发挥应有的作用。

3）凸显超链接

将可点击的超链接文本与常规文字在样式和交互上进行区分，常见的区分方法有添加下划线、改变文字颜色、加粗字体、鼠标悬浮变色等。

4）在常规位置放置导航

网页发展的几十年以来，用户对网页有了一些常识性认识，如用户会在进入一个网站后在页眉或侧边栏寻找主导航。

5）导航数量不宜过多

无论是全局导航还是局部导航，其数目越多，用户处理和记住信息的难度越大，设计人员可以通过分组、分层的方式来提高用户浏览信息的效率。

如图 5-1-3 所示为某网站导航。

▲ 图 5-1-3 某网站导航

3. 侧边栏

侧边栏导航会占据一部分的屏幕空间，将其与主内容部分进行分割，有助于用户分清层次关系。例如，用反差较大的背景色制作导航区与内容区，并加入导航收缩功能，以更好地利用屏幕空间，特别是在一些小尺寸屏幕上。如图 5-1-4 所示为某网站导航侧边栏。

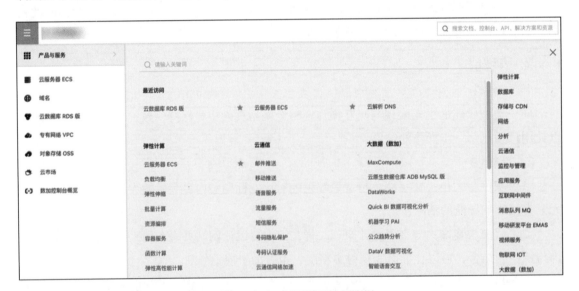

▲ 图 5-1-4 某网站导航侧边栏

导航栏是页面设计中最常见的控件，设计人员需要考虑如何在导航栏基础功能上，赋予其更大的功能发挥空间。

5.2　实训 1　设计环保 UI

5.2.1　实训示例

如图 5-2-1 所示为一个环保 UI 设计，此设计在页面的左侧添加了快速导航，可以方便用户快速找到感兴趣的内容。同时，此设计中的导航会出现在所有页面中，左侧栏的形式更方便用户随时在页面中实现跳转。而当页面过长时，快速导航也会随着页面一起滚动，便于用户随时对其进行操作。

▲ 图 5-2-1　环保 UI 示例

知识链接

垃圾分类

垃圾分类（garbage classification），一般是指按一定规定或标准将垃圾分类储存、投放和搬运，从而转变成公共资源的一系列活动的总称。

垃圾分类的目的是提高垃圾的资源价值和经济价值，减少垃圾处理量和处理设备的使用，降低处理成本，减少土地资源的消耗，具有社会、经济、生态等多方面的效益。

垃圾在分类储存阶段属于公众的私有品，垃圾经公众分类投放后成为公众所在小区或社区的区域性公共资源，垃圾分类搬运到垃圾集中点或转运站后成为没有排除性的公共资源。从国内外各城市对生活垃圾分类的方法来看，垃圾大多是根据成分、产生量，结合本地垃圾的资源利用和处理等方式进行分类的。

5.2.2　知识储备

1. 顶部导航

顶部导航被广泛应用在各个领域的网站中，这类导航可以让用户迅速寻找到所需的内容。顶部导航的设计形式虽然保守，但目的性强，可以确保组织结构的可靠性和降低用户寻找信息的时间成本。但这类导航也有缺点，即首页内容过多需要滚屏的时候，用户需要滚动到页面顶部再去切换导航内容。所以现在很多顶部导航的设计会将导航固定在顶部，这样可以减少用户的使用成本，如图 5-2-2 所示。

▲ 图 5-2-2　某网站顶部导航

2. 侧边栏导航

侧边栏导航的设计也可以有多种表现形式，可动可静、可大可小，比较个性化。固定的侧边栏导航设计不是很常见，也不建议做，特别是宽度大的侧边栏导航，这样的设计会影响整个网页界面的宽度。设计人员可以考虑将侧边栏导航做成滑动展现的形式，在节省网站空间的同时也显得更加简约。

设计侧边栏导航时需要注意导航栏的宽度，若导航栏中的字体过长，在展示时就会出现问题，哪怕做成滑动展示的形式也不能很好地解决。且侧边栏的二级导航栏目也不宜过多，所以这类导航一般适用于一些设计人员等个人官网，如图 5-2-3 所示。

▲ 图 5-2-3　某网站侧边栏导航

3. 底部导航

底部导航的应用范围不是很广，常出现在一些活动或个性化的网站当中。底部导航常被应用在移动端，而不是电脑端。

电脑端中的底部导航一般都采用固定的方式，这类导航可以减少用户的使用成本，但对于结构复杂的网站，如有二级或三级导航的网站就不是很合适。此外，将导航放置于底部的做法，对于已形成固定使用习惯的用户来说不是特别友好，用户都是按从上到下、从左往右的顺序浏览的，这样的设计比较违背用户的使用习惯，如图 5-2-4 所示。

▲ 图 5-2-4　网站底部导航

4. 汉堡包式导航

汉堡包式导航其实跟底部导航一样，常出现于移动端。但现在电脑端也越来越喜欢用汉堡包式的导航设计。这样的设计比较节省空间，相当于将导航做成隐藏式或弹出式的形式，具有设计感。虽然汉堡包式导航的设计方式很多样、很个性，但对于部分用户而言，汉堡包式导航其实并不是那么直观，特别是在用户对导航结构不熟悉的情况下，所以设计人员在设计这类导航时要谨慎一些。

以上介绍的导航方式各有利弊，但无论哪一种导航方式，都应起到帮助用户快速便捷地找到所需内容的作用，提高网站的可用性和易操作性。

5.2.3　项目演示

（1）新建文件，尺寸为 1280 px × 800 px；选择"圆角矩形工具"，半径为 20 px，设置前景色为"#e5efd5"；选择"矩形选框工具"，框选右侧的圆角部分并删除，效果如图 5-2-5 所示。

（2）选择"椭圆工具"，绘制一个圆形，填充渐变色（#259b39 — #a6cc09，线性渐变）；选择"钢笔工具"，绘制矩形并填充渐变色（#a2ca0f — #46ad35，线性渐变）；选择"椭圆工具"，再绘制一个圆形并填充为白色，置于第一个圆形下方；再选择"钢笔工具"，绘制矩形并填充为白色，置于第一个矩形下方，效果如图 5-2-6 所示。

▲ 图 5-2-5　左侧导航背景

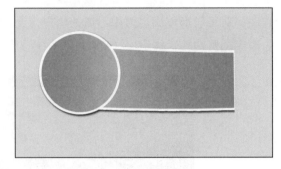

▲ 图 5-2-6　导航条效果

（3）选择"钢笔工具"，绘制阴影形状，在"选择"菜单中执行羽化命令，羽化值为 4，填充黑色，效果如图 5-2-7 所示。

（4）选择"单列选框工具"，填充黑色，并创建蒙版，填充渐变色（黑—白，对称渐变），将图层的不透明度设置为 60%，效果如图 5-2-8 所示。

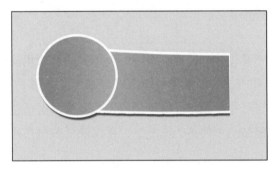

▲ 图 5-2-7　导航阴影

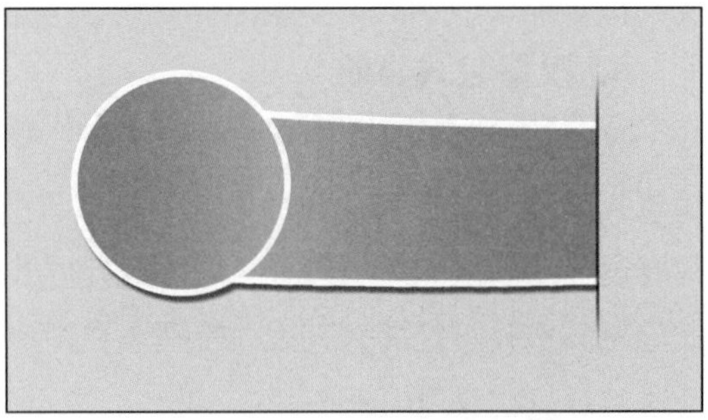

▲ 图 5-2-8　右边框装饰

（5）选择"钢笔工具"，绘制右侧装饰的形状，填充渐变色（#c4c3bf — #fcfdfe — #cccbc9，线性渐变），效果如图 5-2-9 所示。

（6）选择"钢笔工具"，绘制右侧白色装饰的形状，填充白色，效果如图 5-2-10 所示。

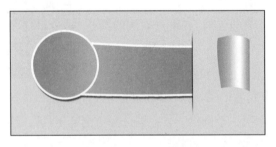

▲ 图 5-2-9　右侧装饰

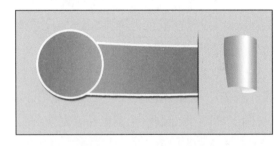

▲ 图 5-2-10　右侧白色装饰

（7）选择"钢笔工具"，绘制右侧绿色装饰的形状，填充绿色（#008839），效果如图 5-2-11 所示。

（8）选择"钢笔工具"，绘制形状，执行羽化命令，羽化值为 4，填充黑色，调节位置，效果如图 5-2-12 所示。

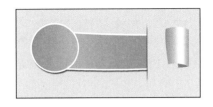

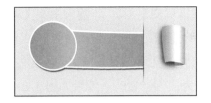

▲ 图 5-2-11　右侧绿色装饰　　　　　▲ 图 5-2-12　装饰投影

（9）复制多个相同的导航块，垂直居中分布，效果如图 5-2-13 所示。

（10）选择"单列选框工具"，填充黑色，并创建蒙版，填充渐变（黑—白，对称渐变），将图层的不透明度设置为 60%，效果如图 5-2-14 所示。

（11）选择"钢笔工具"，绘制一个绿芽形状的路径，效果如图 5-2-15 所示。

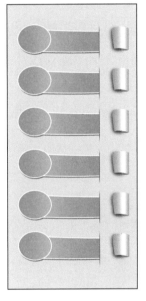
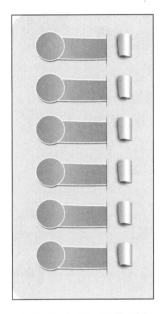
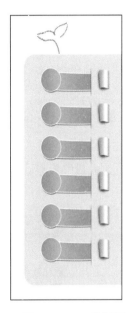

▲ 图 5-2-13　复制多　　　▲ 图 5-2-14　设置不透　　　▲ 图 5-2-15　绘制绿
　　个导航块　　　　　　　　明度　　　　　　　　　　　芽路径

（12）打开背景素材图片，调节位置与大小，效果如图 5-2-16 所示。

（13）打开城市素材图片，调节位置和大小并旋转角度，为该图层添加图层蒙版，处理多余的部分，效果如图 5-2-17 所示。

▲ 图 5-2-16　素材图片载入 1　　　　　▲ 图 5-2-17　素材图片载入 2

（14）选择"文字工具"，输入中文文本"把绿色能源带进生活"，如图 5-2-18 所示，字体分别为方正大黑简体和方正黑体简体，字号分别为 72 和 30，行距 90，颜色 #427129。

（15）选择"文字工具"，输入英文文本"GREEN ENERGY"，字体为 Consolas，字号为 24，颜色为"#427129"，效果如图 5-2-19 所示。

▲ 图 5-2-18　输入中文

▲ 图 5-2-19　输入英文

（16）绘制分类图标，调节位置使图标在圆形中居中，效果如图 5-2-20 所示。

（17）选择"文字工具"，输入导航内容，字体为 Bitsumishi，字号为 12，颜色为白色，效果如图 5-2-21 所示。

（18）完成最终效果，如图 5-2-22 所示。

▲ 图 5-2-20　载入图标

▲ 图 5-2-21　输入导航文字

▲ 图 5-2-22 最终效果

5.2.4 评价与思考

本部分内容为制作左侧栏导航，要注意导航设计最好不要过于复杂，尽量简单直观一点，让用户可以很容易看明白。如何在保证导航设计简单、直接的同时引起用户注意，这就需要设计人员去把握。

学完本部分内容后，你有什么收获呢？请根据自己的学习情况填涂评价表 5-2-1。

表 5-2-1　评价表 9

评价内容	评价要点	自我评价	小组评价	教师评价
参与态度	团队合作配合程度	☆ ☆ ☆ ☆ ☆	☆ ☆ ☆ ☆ ☆	☆ ☆ ☆ ☆ ☆
	时间分配是否合理	☆ ☆ ☆ ☆ ☆	☆ ☆ ☆ ☆ ☆	☆ ☆ ☆ ☆ ☆
	实训过程中的态度	☆ ☆ ☆ ☆ ☆	☆ ☆ ☆ ☆ ☆	☆ ☆ ☆ ☆ ☆
操作能力	能在规定时间内完成所有的实战操作	☆ ☆ ☆ ☆ ☆	☆ ☆ ☆ ☆ ☆	☆ ☆ ☆ ☆ ☆
	综合运用 Adobe Photoshop 知识制作项目，文件制作精细程度	★ ★ ★ ☆ ☆	☆ ☆ ☆ ☆ ☆	☆ ☆ ☆ ☆ ☆
	文件尺寸、色彩模式、分辨率是否符合制作要求	☆ ☆ ☆ ☆ ☆	☆ ☆ ☆ ☆ ☆	☆ ☆ ☆ ☆ ☆
	整体布局要求严谨，色彩、版式、文字运用是否使用合理	☆ ☆ ☆ ☆ ☆	☆ ☆ ☆ ☆ ☆	☆ ☆ ☆ ☆ ☆
职业素养	能良好表达自己的观点，善于倾听他人的观点	☆ ☆ ☆ ☆ ☆	☆ ☆ ☆ ☆ ☆	☆ ☆ ☆ ☆ ☆
	能主动用不同方法完成项目，分析哪种方法更适合	★ ★ ★ ☆ ☆	☆ ☆ ☆ ☆ ☆	☆ ☆ ☆ ☆ ☆
	主动向他人学习	☆ ☆ ☆ ☆ ☆	☆ ☆ ☆ ☆ ☆	☆ ☆ ☆ ☆ ☆
	提出新的想法、建议和策略	☆ ☆ ☆ ☆ ☆	☆ ☆ ☆ ☆ ☆	☆ ☆ ☆ ☆ ☆

续表

评价内容	评价要点	自我评价	小组评价	教师评价
实践创新	在完成项目前提下具有创新意识，有能力结合实际找到新的解决问题的办法	☆☆☆☆☆	☆☆☆☆☆	☆☆☆☆☆
自我反思与评价				

5.2.5　实战演练

完成实战案例，如图 5-2-23 所示。

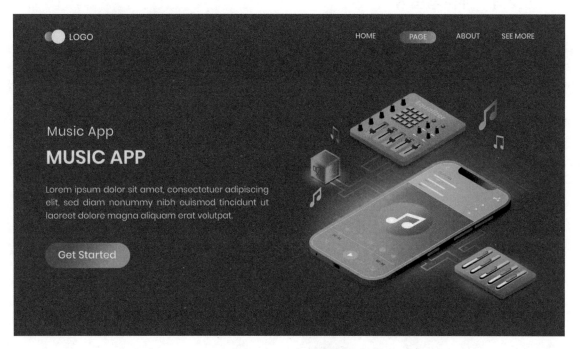

▲ 图 5-2-23　实战案例

5.3　实训 2　制作女装销售网站导航

5.3.1　实训示例

如图 5-3-1 所示，某女装销售网站采用了三段式的布局方式，主题清晰明确。该网站将产品类别制作成按钮形式的导航，这使页面结构简单、内容丰富，同时又非常方便用户查找产品。主要导航位于页面的最底部，用户可以一眼看到，这种简单明确的分类方法可以将网站信息全面地呈现给用户。

▲ 图 5-3-1　某女装销售网站导航界面

5.3.2　项目演示

（1）新建尺寸为 1280 px × 1000 px、分辨率为 72 ppi、RGB 颜色模式的白色背景文件，设置前景色为 "#3f2860"。

女装销售网站导航

（2）在"视图"菜单中选择"新建参考线"选项，设置两条水平的参考线，位置分别为 100 像素和 550 像素。在两条参考线之间绘制矩形选区，并填充颜色（#7b77b7），效果如图 5-3-2 所示。

（3）添加素材图片进行处理并调节大小及位置，效果如图 5-3-3 所示。

▲ 图 5-3-2　设置背景　　　　　　▲ 图 5-3-3　添加素材图片

（4）添加背景文字，输入相应的文本，如标题文字（字体：Impact。字号：60。行距：72。水平缩放：90%）、正文（字体：Microsoft Himalaya。字号：36。行距：28。水平缩放：100%）、链接文字（字体：Bitsumishi。字号：36。行距：30。水平缩放：100%），效果如图 5-3-4 所示。

（5）绘制导航标志，调节大小及位置，效果如图 5-3-5 所示。

▲ 图 5-3-4　添加背景文字　　　　　▲ 图 5-3-5　绘制导航标志

（6）根据网页的具体分类制作几个相应的图标（底纹颜色：#fa8b60。阴影颜色：#ef6d3b。图标颜色：#921c3e），效果如图 5-3-6 所示。

▲ 图 5-3-6　分类图标制作

（7）创建两条垂直参考线，位置分别为 100 px 和 1180 px，创建一条水平参考线，位置为 600 px，将制作好的图标分布对齐，效果如图 5-3-7 所示。

（8）添加图标文字，输入对应的文本（中文：黑体。字号：20。英文：Adobe Caslon Pro。字号：14），调节位置，效果如图 5-3-8 所示。

▲ 图 5-3-7　对齐图标　　　　　　　▲ 图 5-3-8　添加图标文字

（9）在每个分类图标的下面输入相应类别的文字内容（字体：Adobe 黑体 Std。字号：14。颜色：#d7bffa），效果如图 5-3-9 所示。

▲ 图 5-3-9　完成效果

5.3.3　评价与思考

导航是 UI 设计的精髓，需要有直观、简单、明了和新颖等特性，只有方便用户操作的导航设计才是好的设计。

学完本部分内容后，你有什么收获呢？请根据自己的学习情况填涂评价表 5-3-1。

表 5-3-1　评价表 10

评价内容	评价要点	自我评价	小组评价	教师评价
参与态度	团队合作配合程度	☆ ☆ ☆ ☆ ☆	☆ ☆ ☆ ☆ ☆	☆ ☆ ☆ ☆ ☆
	时间分配是否合理	☆ ☆ ☆ ☆ ☆	☆ ☆ ☆ ☆ ☆	☆ ☆ ☆ ☆ ☆
	实训过程中的态度	☆ ☆ ☆ ☆ ☆	☆ ☆ ☆ ☆ ☆	☆ ☆ ☆ ☆ ☆
操作能力	能在规定时间内完成所有的实战操作	☆ ☆ ☆ ☆ ☆	☆ ☆ ☆ ☆ ☆	☆ ☆ ☆ ☆ ☆
	综合运用 Adobe Photoshop 知识制作项目，文件制作精细程度	☆ ☆ ☆ ☆ ☆	☆ ☆ ☆ ☆ ☆	☆ ☆ ☆ ☆ ☆
	文件尺寸、色彩模式、分辨率是否符合制作要求	☆ ☆ ☆ ☆ ☆	☆ ☆ ☆ ☆ ☆	☆ ☆ ☆ ☆ ☆
	整体布局要求严谨，色彩、版式、文字运用是否使用合理	☆ ☆ ☆ ☆ ☆	☆ ☆ ☆ ☆ ☆	☆ ☆ ☆ ☆ ☆
职业素养	能良好表达自己的观点，善于倾听他人的观点	☆ ☆ ☆ ☆ ☆	☆ ☆ ☆ ☆ ☆	☆ ☆ ☆ ☆ ☆
	能主动用不同方法完成项目，分析哪种方法更适合	☆ ☆ ☆ ☆ ☆	☆ ☆ ☆ ☆ ☆	☆ ☆ ☆ ☆ ☆
	主动向他人学习	☆ ☆ ☆ ☆ ☆	☆ ☆ ☆ ☆ ☆	☆ ☆ ☆ ☆ ☆
	提出新的想法、建议和策略	☆ ☆ ☆ ☆ ☆	☆ ☆ ☆ ☆ ☆	☆ ☆ ☆ ☆ ☆

续表

评价内容	评价要点	自我评价	小组评价	教师评价
实践创新	在完成项目前提下具有创新意识，有能力结合实际找到新的解决问题的办法	☆ ☆ ☆ ☆ ☆	☆ ☆ ☆ ☆ ☆	☆ ☆ ☆ ☆ ☆
自我反思 与评价				

5.3.4 实战演练

完成网页界面的制作，如图 5-3-10 所示。

▲ 图 5-3-10 网页界面示例

第6章　banner 制作与文字设计

banner 是网络广告最早采用的形式，也是最常见的形式。它是横跨于网页上的矩形公告牌，当用户点击这些横向公告牌的时候，可以链接到相应的网页。

在 UI 设计中，banner 更多出现在视觉表现的环节，对视觉设计人员来说，它也是重点培养的能力之一。本章介绍的关于 UI 场景中的 banner 的布局样式，并非视觉层面的探索，而是从产品设计的层面来讲的。

在产品中出现的 banner 图是比较常见的，除了在其视觉创意层面不断探索、精进，UI 层面的样式布局也在不断尝试更多不同的表现。

| 学习目标 |

知识目标

（1）掌握 banner 的基础知识。

（2）认识文字编排的重要性。

（3）了解网站中文字的设计要求。

（4）掌握文字编排法则。

能力目标

（1）能够用 Adobe Photoshop 合成图像。

（2）能够运用"蒙版工具"抠图。

素质目标

（1）增强著作权、版权意识，自觉维护知识产权。

（2）学习法律知识、提升法律意识，合法利用专业技能，具备良好的职业道德。

6.1　banner 概述

6.1.1　视觉层表现类别

banner 在 UI 场景中通常以轮播的形式展示，所以也经常被称为"轮播图"，这是导航的一种形式，有轮播导航的功能。banner 在产品中出现可以为用户展示平台需要重点传播的内容，如活动信息和官宣咨询等。

为了获得更高的用户关注度，banner 在视觉层的表现上不断地创新。banner 除了在设计创意、构图、配色等视觉层面发挥，在静态和动态、视频和分层视差等表现类别上也做了创新。

1. 静态 banner 展示

静态的轮播图是最常见的，无论是从设计效率还是设计技术层面来说都是最为便利的。

静态 banner 的图片格式在产品中分为单图和多图，单图是静态的展示形式，多图可以自动轮
播和手动滑动切换，如图 6-1-1 所示。

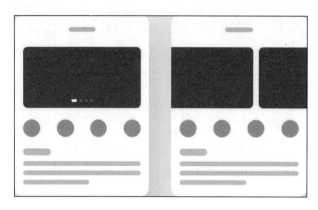

▲ 图 6-1-1　静态 banner 展示

2. 动态 banner 展示

动态表现的 banner 相较于静态而言更能引起用户的注意，在一些重点元素和行动按钮
等地方采用动态表现可以强化信息重点。动态 banner 通常以单图的形式呈现。动态表现可以
提高用户的关注度，但是过度使用也会互相干扰，反而削弱了关注度，如图 6-1-2 所示。

在信息爆炸的互联网环境中，产品设计人员都在不断地尝试如何更快、更准地获得用户
的关注度。微动效无疑是一个不错的选择，无论是在功能交互还是视觉表现层面，都有很好
的效果。

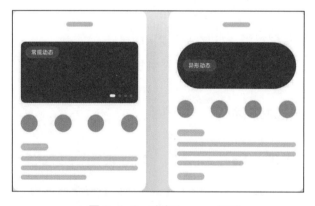

▲ 图 6-1-2　动态 banner 展示

3. 视频嵌入展示

视频广告由来已久，随着短视频的火热发展，将视频嵌入轮播广告中的设计逐渐增多。
这种设计的表现形式一般为默认出现在首个 banner 中，且伴随着倒计时，同时可以被关闭。
为了避免用户在未知场景中受到干扰，此类广告通常为静音模式，会带给用户更加友好的体
验，如图 6-1-3 所示。

也有少数产品栏目会采用多个视频轮播的形式，如某些影视产品。

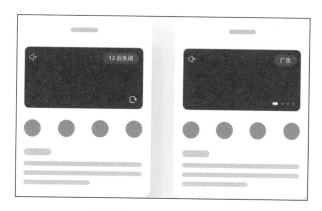

▲ 图 6-1-3　视频嵌入展示

4. 分层视差效果展示

为了带给用户不一样的视觉和互动体验，市场上逐渐出现了一些打破常规表现形式的轮播广告。分层视差广告是其中变化较大的一种，包括轮播叠加的视差、3D 翻转、元素和背景分离视差等，如图 6-1-4 所示。

元素或者背景之间的运动差异必将引起用户高度的关注，从而达到提高关注度的目的。产品设计人员也在不断尝试制作更多分层视差的效果，带给用户不一样的广告体验。

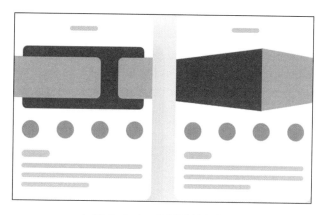

▲ 图 6-1-4　分层视差广告展示

6.1.2　banner 的布局样式分析

造成布局差异的因素较多，包括 banner 的比例、大小，通栏、分栏，孤立还是有背景对比，等等。例如，通栏和分栏的差别，这种因素会影响 banner 呈现区域的大小。按照常规理解，很多人都觉得 banner 越大越好，但考虑到产品内容布局和信息层级区分方面，整个界面布局的舒适度也是很重要的。所以，界面整体的风格和布局样式会影响 banner 的布局样式，banner 的布局样式需要与整体界面相适应而非格格不入，如图 6-1-5 至图 6-1-7 所示。

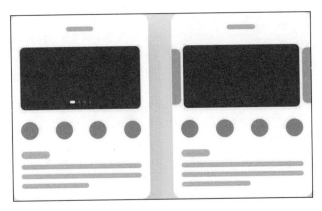

▲ 图 6-1-5　banner + 轮播点与分栏 + 带轮播图

▲ 图 6-1-6　通栏 + 轮播点与背景层 + banner

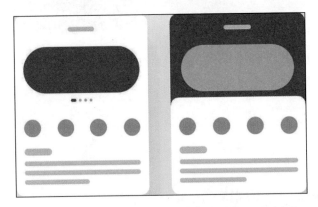

▲ 图 6-1-7　异形广告 + 轮播点与背景层 + 异形广告

　　banner 在很多产品中是较为常见的元素，UI 场景中的 banner 的布局样式探索是指在进行结构布局的时候，设计人员可以尝试出更多不一样的解决方案。一个好的体验也许只取决于一个细节的处理，如果设计人员能在设计的时候把控每一个功能的细节，必然能带给用户更好的使用体验。

6.2　文字编排

6.2.1　文字编排设计的重要性

文字的编排设计主要包括字体的选择、字体的创造及字体在网页中编排的艺术规律。文字的编排设计已经成为网页设计中的一种艺术手段和方法，它不仅能带给用户美的感受，还能直接影响用户对文字的态度及看法，从而起到传递信息、树立形象、表达情感的作用。

图形和文字是平面设计的两大基本构成元素。仅用图形来传达信息往往不能达到良好的传达效果，只有借助文字才能有效地传达信息，网站设计也不例外。在图形图像、版式、色彩、动画等诸多构成要素中，文字可以有效地避免信息传达不明确或产生歧义，从而使用户能够方便、顺利、愉快地接收信息所要传达的主题内容。

文字不仅是信息传递的载体，还是一种具有视觉识别特征的符号。对文字进行图形化的艺术处理，不仅可以表达语言本身的含义，还可以以视觉形象的方式传递语言之外的信息。在界面设计中，文字的字体、规格及编排形式是文字内容的辅助表达手段，设计人员通过图形化的处理，可以对文字本身的含义进行延伸性阐述。与语言交流时的语气强弱、语速的缓急、面部表情及姿态一样，文字的视觉形态的大小、曲直、排列疏密、整齐或凌乱都会带给用户不同的感受。如图 6-2-1 所示为网站页面中文字的设计表现示例。

▲ 图 6-2-1　banner 文字编排 1

6.2.2　网站中的文字设计要求

设计人员在处理文字造型时需要遵循图形设计的基本原理，对文字进行合理运用，使其在界面设计中实现自身的价值，即提高信息的明确性和可读性，加强页面的艺术性和提高视觉感染力。

1. 形式适合

文字的形式应与文字具体内容和页面主题相适应，设计人员应根据网站页面的主题内容、所传达的信息的具体含义和文字所处的环境来确定文字的字体、形态、色彩和表现形式。

2. 信息明确

传达外形特征、方便用户识别并保证信息准确地传达是文字的主要功能。文字的点画、横竖、圆弧等结构元素造成了文字本身含义的不可变性。所以，设计人员在选择文字时需要格外注意，应在强调信息严格准确的情况下优先选取易被识别的文字，在进行字体创作时也需要保证其形态的明确性，如图 6-2-2 所示。

▲ 图 6-2-2　banner 文字编排 2

3. 容易阅读

通常情况下，过粗或者过细的文字需要用户花费更多的时间去识别，不利于用户顺畅地浏览网站页面。在版式布局中，合理的文字排列与分布会使浏览变得更加顺畅，为文字搭配视觉适宜的色彩也能够加强页面的易读性，如图 6-2-3 所示。

▲ 图 6-2-3　banner 文字编排 3

4. 表现美观

文字不仅可以通过自身的个性与风格给用户以美的感受，还可以增强界面的可欣赏性。文字形态的变化与统一、文字编排的节奏与韵律、文字体量的对比与和谐都是增强美观性的有效方法，如图 6-2-4 所示。

▲ 图 6-2-4　banner 文字编排 4

5. 创新表现手法

将文字与页面主题信息相配合进行相应的形态变化，对文字进行创意性发挥，可以产生创造性的美感，进而达到加强页面整体创意性的设计效果。这种创新性的表现手法不仅能够快速吸引用户的注意力，而且可以给用户焕然一新的感觉，如图 6-2-5 所示。

▲ 图 6-2-5　banner 文字编排 5

6.2.3　文字编排法则

为了使网站页面效果更具感染力，文字的排版应当注重页面上下、左右空间和面积的设计。设计人员要根据设计的目的选择合适的字体，运用对比、统一与协调、平衡、节奏与韵律等形式法则构成特定的表现形式，以方便用户浏览和表现页面的形式美感。

1. 对比

对比可以使网站页面产生空间美感，还可以突出网站页面的主题，使页面中的主要信息一目了然。主要的对比手法有以下几种。

1）大小对比

大小对比是文字组合的基础，大字能够给人以强有力的视觉感受，但缺少精细和纤巧感；小字精巧柔和，但是不能像大字那样给人以力量感。对大、小文字进行合理的搭配使用，可以有效地弥补它们各自的缺点，并产生生动活泼的感觉。

大、小文字的对比越强烈，越能突出它们各自的特征，大字更加刚劲有力，小字更加小巧精致；反之，则越能给人一种舒畅、平和、安定的感觉，整体则会显得紧凑，对文字排版有较好的协调作用，如图 6-2-6 所示。

▲ 图 6-2-6　文字大小对比

2）粗细对比

粗细对比是刚与柔的对比，粗字象征强壮、刚劲、沉默、厚重，细字则给人一种纤细、柔弱、活泼的感觉。在同一行文字中运用粗细对比，所带来的效果最为强烈。通常情况下，表现主题内容多使用粗字。在文字排版过程中，字体粗细比例的不同，可以产生不同的页面效果，页面中粗字少细字多，能给人新颖明快的感觉，如图 6-2-7 所示；页面中细字少粗字多，则会给人大气正式的感觉。

▲ 图 6-2-7　文字粗细对比

3）明暗对比

明暗对比又称黑白对比，在色彩构图中也表现为明度高低的对比。界面设计中出现明暗文字对比，可以使文字更加醒目、突出，给人以特殊的空间感。为了活跃界面气氛，避免出现千篇一律的单调形式，设计人员可以合理地安排明暗面积在界面中的比例关系，如图 6-2-8 所示。

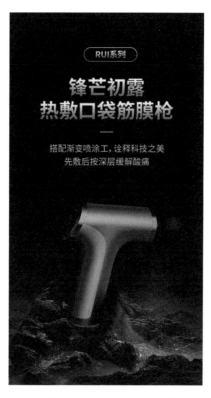

▲ 图 6-2-8　文字明暗对比

4）疏密对比

疏密对比即文字群体之间及文字与整体页面之间的对比关系。疏密对比同样具有大小对比、明暗对比的效果，但是从疏密对比的关系中更能清楚地看出设计者的设计意图。从网站页面的版式构成来看，紧凑的文字也可以和大面积的留白形成疏密对比，如图 6-2-9 所示。

▲ 图 6-2-9　文字疏密对比

5）主从对比

文字主要信息与次要信息、标题性文字与说明文字之间形成的对比关系被称为主从对比。主从分明不仅能够突出主题、快速传达信息，而且能使人一目了然，如图 6-2-10 所示。

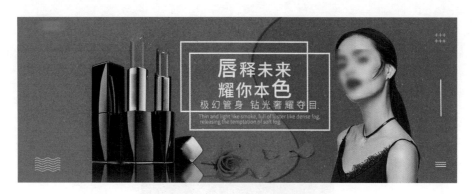

▲ 图 6-2-10 文字主从对比

2. 统一与协调

统一与协调是创造形式美的重要法则，优秀的网站页面中文字的运用能够给人以完整、协调的视觉印象。

为了更好地协调页面中的元素，设计人员通常采用同样的造型因素在页面中反复出现的方法，这样就可以奠定整个页面的基调，使整个页面具有整体感与协调感。除了这种方法，还可以选用同一字族的不同字体，设置相同的字距和行距，选用近似色彩和字号级数，并控制近似面积，这些都是实现网站页面统一协调的方法。如果页面中的造型元素本身就具有动感，还可以将这些元素的运动方向设置为相同的，或者添加一些辅助元素来增强页面的协调感，如图 6-2-11 所示。

▲ 图 6-2-11 文字的统一与协调

3. 平衡

平衡即合理地在网站页面中安排各个文字群和视觉元素。失去平衡的文字编排设计，是不能很好地得到用户的信赖的，而且会给用户带来不好的使用体验。对称的文字编排形式是获得平衡最基本的手段，但是这种形式平淡乏味，没有生命力和趣味性，一般情况下不建议采用。页面中的平衡所要求的是一种动势上的平衡，通过巧妙的手法加强布局中较弱的一方是寻求文字排版设计平衡的最佳方法，如图 6-2-12 所示。

▲ 图 6-2-12　文字的平衡

4. 节奏与韵律

节奏与韵律本身就具有活跃的运动感，因此它是创造轻松活跃的形式美感的重要方法。反复地在网站页面中应用特征鲜明的文字造型，并按照一定的规律对其进行排列，就会产生节奏感和韵律感。文字的节奏感和韵律感有利于网站页面的统一，如图 6-2-13 所示。

▲ 图 6-2-13　文字的节奏与韵律

6.3　实训 1　制作格力空调宣传海报

6.3.1　实训示例

本案例将设计一款网站中常见的产品宣传海报，干净的背景颜色与画面颜色相呼应，既凸显产品的清新，又使该宣传海报显得简约、时尚、信息明确，如图 6-3-1 所示。

▲ 图 6-3-1　格力空调宣传海报

6.3.2 知识储备

排版是一种比其他视觉语言更能具体、准确地传达信息的语言。在数字设备中，排版有一个很明确的目的：传达信息并诱导行动。因此在与业务直接相关的数字产品中，良好的排版非常重要。

字体选择对界面排版至关重要，也是所有界面排版中必要的一步，不同字体有不同的性格属性，我们需要根据产品来选择恰当的中英文字体。同时也需要记住，在同一个产品的界面设计中，字体最好不要超过两种，如图 6-3-2 所示。

▲ 图 6-3-2　字体多少对比

太多的字体强调的元素太多，从而产生不必要的干扰项来分散用户的注意力。若要表示不同的视觉层次结构，可以使用不同权重的字体，如粗体、半粗体、中等、常规、标准等，如图 6-3-3 所示，并且在需要使用字体权重表示的内容中，应根据信息的重要性设计层次结构。

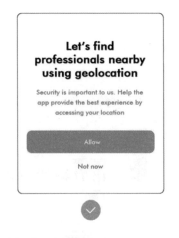

▲ 图 6-3-3　文字视觉层次结构

1. 颜色

提供足够的对比度，以便用户可以快速准确地理解文本，如图 6-3-4 所示。

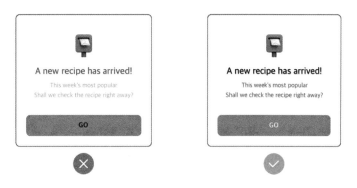

▲ 图 6-3-4　文字颜色对比

2. 平衡

经常会听到有人这样评价一份设计：要么是这边太重了，要么就是那边太轻了，加点东西就好了，这其实说的是平衡定律。如果同一个界面中的元素之间没有保持平衡关系，就会给用户带来不好的视觉感受，如图 6-3-5 所示。

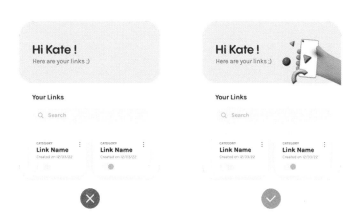

▲ 图 6-3-5　文字平衡对比

3. 视觉层次

具有良好视觉层次结构的网站也能帮助用户快速找到所需的信息。因此，为了更好地进行排版设计，设计人员还应该尝试创建清晰的视觉层次结构。使用不同大小的字体和适当的空间运用也将有助于创建更清晰的视觉层次结构，使界面更具可读性和易于浏览。

如图 6-3-6 所示，大而粗的标题用简短的文字说明了页面的主要内容，迅速吸引了用户的眼球，下面字体较小的正文又详细解释了标题。它们都在吸引用户方面发挥了作用，并共同创建了清晰的视觉布局。

▲ 图 6-3-6　文字视觉层次

6.3.3　项目演示

（1）新建一个 1280 px × 648 px、分辨率为 72 ppi、RGB 颜色模式的白色
背景文件。

（2）用"画笔工具"给背景绘制不同层次，背景颜色为"#efefef"，画
笔绘制深色颜色为"#d8d8d8"，不透明度为 75%，画笔要虚化、大小适中，
效果如图 6-3-7 所示。

格力空调宣传海报

▲ 图 6-3-7　绘制背景

（3）添加空调和树叶素材，再复制三个树叶，放在适当的位置上，树叶的颜色要有层次
感，按"Ctrl+M"组合键调整明度，如图 6-3-8 所示。

▲ 图 6-3-8　添加空调和树叶素材

（4）在左上角和右上角添加树叶，注意其大小与颜色的层次关系，如图 6-3-9 所示。

▲ 图 6-3-9　添加左上角和右上角树叶素材

（5）选择"文字工具"，输入文字，文字颜色为"#01823a"，字体为华文中宋，大小为"77 点"，最终效果如图 6-3-10 所示。

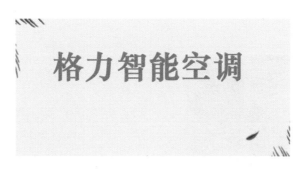

▲ 图 6-3-10　文字效果 1

（6）再输入其他文字，文字大小点数分别是"34 点"（全新升级家用版 智能空调格力）和"14 点"（全新升级 震撼登陆），效果如图 6-3-11 所示。

▲ 图 6-3-11　文字效果 2

（7）绘制"购买"按钮，背景为倒圆角矩形，半径为 18 px，颜色为"#01823a"，文字字体为"宋体"，大小为"30 点"，最终完成文字输入部分，如图 6-3-12 至图 6-3-14 所示。

▲ 图 6-3-12　按钮文字属性

▲ 图 6-3-13 按钮文字效果

▲ 图 6-3-14 文字最终效果

（8）选择"画笔工具"给空调添加投影，投影颜色为"#797979"，不透明度为 30%，如图 6-3-15 所示。

（9）添加叶子素材，执行"文件"→"滤镜"→"模糊"→"高斯模糊"命令，效果如图 6-3-16 所示。

▲ 图 6-3-15 添加投影

▲ 图 6-3-16 高斯模糊

（10）完成最终效果，如图 6-3-17 所示。

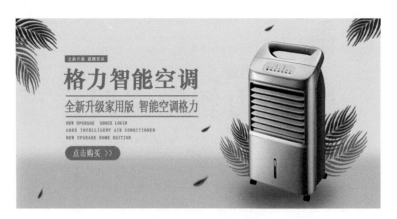

▲ 图 6-3-17 最终效果

6.3.4 评价与思考

本部分内容介绍了 banner 的版式设计，分享了它的表现形式和常见的构图形式。学完本部分内容后，你有什么收获呢？请根据自己的学习情况填涂评价表 6-3-1。

表 6-3-1　评价表 11

评价内容	评价要点	自我评价	小组评价	教师评价
参与态度	团队合作配合程度	☆ ☆ ☆ ☆ ☆	☆ ☆ ☆ ☆ ☆	☆ ☆ ☆ ☆ ☆
	时间分配是否合理	☆ ☆ ☆ ☆ ☆	☆ ☆ ☆ ☆ ☆	☆ ☆ ☆ ☆ ☆
	实训过程中的态度	☆ ☆ ☆ ☆ ☆	☆ ☆ ☆ ☆ ☆	☆ ☆ ☆ ☆ ☆
操作能力	能在规定时间内完成所有的实战操作	☆ ☆ ☆ ☆ ☆	☆ ☆ ☆ ☆ ☆	☆ ☆ ☆ ☆ ☆
	综合运用 Adobe Photoshop 知识制作项目，文件制作精细程度	☆ ☆ ☆ ☆ ☆	☆ ☆ ☆ ☆ ☆	☆ ☆ ☆ ☆ ☆
	文件尺寸、色彩模式、分辨率是否符合制作要求	☆ ☆ ☆ ☆ ☆	☆ ☆ ☆ ☆ ☆	☆ ☆ ☆ ☆ ☆
	整体布局要求严谨，色彩、版式、文字运用是否使用合理	☆ ☆ ☆ ☆ ☆	☆ ☆ ☆ ☆ ☆	☆ ☆ ☆ ☆ ☆
职业素养	能良好表达自己的观点，善于倾听他人的观点	☆ ☆ ☆ ☆ ☆	☆ ☆ ☆ ☆ ☆	☆ ☆ ☆ ☆ ☆
	能主动用不同方法完成项目，分析哪种方法更适合	☆ ☆ ☆ ☆ ☆	☆ ☆ ☆ ☆ ☆	☆ ☆ ☆ ☆ ☆
	主动向他人学习	☆ ☆ ☆ ☆ ☆	☆ ☆ ☆ ☆ ☆	☆ ☆ ☆ ☆ ☆
	提出新的想法、建议和策略	☆ ☆ ☆ ☆ ☆	☆ ☆ ☆ ☆ ☆	☆ ☆ ☆ ☆ ☆
实践创新	在完成项目前提下具有创新意识，有能力结合实际找到新的解决问题的办法	☆ ☆ ☆ ☆ ☆	☆ ☆ ☆ ☆ ☆	☆ ☆ ☆ ☆ ☆
自我反思与评价				

6.3.5　实战演练

完成图 6-2-7 的实战案例效果。

6.4　实训 2　制作"新鲜水果送到家"宣传海报

6.4.1　实训示例

如图 6-4-1 所示为本次实训需要完成的案例效果。

▲ 图 6-4-1　案例效果

　　变形是在网站页面和平面广告设计中经常使用的一种文字处理方法，设计人员先通过图形与文字相结合达到文字变形的艺术效果，再添加相应的图层样式和素材，使其艺术效果更加突出，也更符合网站的风格。本示例还将介绍路径文字的创建方法，这种方法可以使网站页面中的文字效果更多变，整体风格更加活泼。

6.4.2　技术储备

　　图层蒙版可以保护不需操作的区域。

　　（1）快速蒙版：快速蒙版状态下可以使用"画笔工具"做选区（前景色为黑色时不做选区，白色时做选区，灰色时半透明）。

　　（2）图层蒙版：显示与隐藏图形（黑色隐藏，白色显示，灰色半透明）。

6.4.3　项目演示

　　（1）新建一个 1440 px × 750 px、分辨率为 72 ppi、RGB 颜色模式的空白文件。

　　（2）为空白文件添加杂色背景。执行"文件"→"滤镜"→"杂色"→"添加杂色"命令，如图 6-4-2 和图 6-4-3 所示。

"新鲜水果送到家"
海报设计

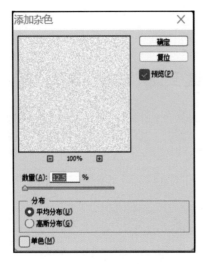

▲ 图 6-4-2　添加杂色背景 1　　　　　　　▲ 图 6-4-3　添加杂色背景 2

（3）添加水果素材，用"魔术橡皮擦工具"去除白色背景，效果如图 6-4-4 所示。

▲ 图 6-4-4　添加水果素材

（4）对于树叶，需要运用通道抠图，先选择一个颜色对比度最大的通道——蓝色通道，再单击右键复制通道，如图 6-4-5 所示。选择复制的通道，执行"文件"→"图像"→"调整"→"亮度 / 对比度"命令，对比度设置为 100%，这可以使当前通道图层明暗度更加明显，如图 6-4-6 所示。效果如图 6-4-7 所示。

▲ 图 6-4-5　调出通道控制面板

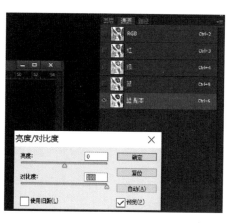

▲ 图 6-4-6　调整亮度 / 对比度

▲ 图 6-4-7　树叶素材黑白对比

（5）按"Ctrl"键将通道载入选区，选择"RGB"通道后回到图层控制面板中，如图 6-4-8 所示，按"Ctrl+Shift+I"组合键反选当前内容，再按"Ctrl+Shift+J"组合键，通过复制的图层将树叶层抠出，如图 6-4-9 所示。

▲ 图 6-4-8　选择 RGB 通道

▲ 图 6-4-9　抠出树叶素材

（6）将选中的部分拖动到背景文件中，并分别截取两种不同的树叶放入适当位置，如图 6-4-10 所示。

▲ 图 6-4-10　截取树叶

（7）相同树叶放在一起时，层级关系不明显，需要按"Ctrl+M"组合键，通过曲线区分其明暗度，如图 6-4-11 和图 6-4-12 所示。

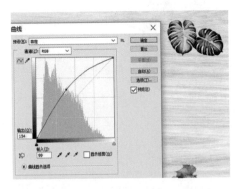
▲ 图 6-4-11　曲线调整树叶明暗度

▲ 图 6-4-12　调整效果

（8）书写文字部分。先选择"椭圆工具"与"直线工具"，描边颜色为"#30a787"，17 点，如图 6-4-13 所示。描边形态选择中心对齐，端点选择圆角，如图 6-4-14 所示。绘制圆点与直线，完成效果如图 6-4-15 所示。

▲ 图 6-4-13　设置椭圆工具

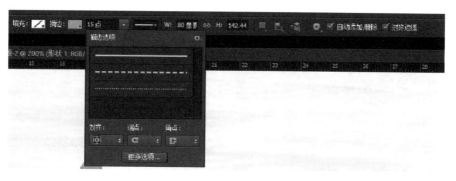

▲ 图 6-4-14　设置描边线段

▲ 图 6-4-15　圆点与直线效果

（9）用同样的方法绘制圆形，如图 6-4-16 所示。

▲ 图 6-4-16　绘制圆形部分

（10）按同样的属性设置，用"钢笔工具"书写其余的笔画，如图 6-4-17 所示。

▲ 图 6-4-17　绘制其他笔画

（11）用"钢笔工具"执行路径命令，绘制一段曲线，将路径变为选区，填充颜色，如图 6-4-18 所示。

▲ 图 6-4-18　绘制特殊笔画

（12）用相同方法绘制下面的文字，注意文字的大小变化，效果如图 6-4-19 所示。

▲ 图 6-4-19　"送到家"文字效果

（13）完成最终效果，如图 6-4-20 所示

▲ 图 6-4-20　最终效果

6.4.4　评价与思考

一个好的 banner 必须文字简练、意义突出、标语精练，容易让人记住；图片清楚且不宜复杂、颜色少，主体明确，等等。所以在设计时，banner 上的产品不宜太多，找准更易识别的产品能够提升视觉效果，逐步提高设计水平。

学完本部分内容后，你有什么收获呢？请根据自己的学习情况填涂评价表 6-4-1。

表 6-4-1　评价表 12

评价内容	评价要点	自我评价	小组评价	教师评价
参与态度	团队合作配合程度	☆ ☆ ☆ ☆ ☆	☆ ☆ ☆ ☆ ☆	☆ ☆ ☆ ☆ ☆
	时间分配是否合理	☆ ☆ ☆ ☆ ☆	☆ ☆ ☆ ☆ ☆	☆ ☆ ☆ ☆ ☆
	实训过程中的态度	☆ ☆ ☆ ☆ ☆	☆ ☆ ☆ ☆ ☆	☆ ☆ ☆ ☆ ☆
操作能力	能在规定时间内完成所有的实战操作	☆ ☆ ☆ ☆ ☆	☆ ☆ ☆ ☆ ☆	☆ ☆ ☆ ☆ ☆
	综合运用 Adobe Photoshop 知识制作项目，文件制作精细程度	☆ ☆ ☆ ☆ ☆	☆ ☆ ☆ ☆ ☆	☆ ☆ ☆ ☆ ☆
	文件尺寸、色彩模式、分辨率是否符合制作要求	☆ ☆ ☆ ☆ ☆	☆ ☆ ☆ ☆ ☆	☆ ☆ ☆ ☆ ☆
	整体布局要求严谨，色彩、版式、文字运用是否使用合理	☆ ☆ ☆ ☆ ☆	☆ ☆ ☆ ☆ ☆	☆ ☆ ☆ ☆ ☆
职业素养	能良好表达自己的观点，善于倾听他人的观点	☆ ☆ ☆ ☆ ☆	☆ ☆ ☆ ☆ ☆	☆ ☆ ☆ ☆ ☆
	能主动用不同方法完成项目，分析哪种方法更适合	☆ ☆ ☆ ☆ ☆	☆ ☆ ☆ ☆ ☆	☆ ☆ ☆ ☆ ☆
	主动向他人学习	☆ ☆ ☆ ☆ ☆	☆ ☆ ☆ ☆ ☆	☆ ☆ ☆ ☆ ☆
	提出新的想法、建议和策略	☆ ☆ ☆ ☆ ☆	☆ ☆ ☆ ☆ ☆	☆ ☆ ☆ ☆ ☆
实践创新	在完成项目前提下具有创新意识，有能力结合实际找到新的解决问题的办法	☆ ☆ ☆ ☆ ☆	☆ ☆ ☆ ☆ ☆	☆ ☆ ☆ ☆ ☆
自我反思与评价				

6.4.5　实战演练

完成图 6-2-8 所示的 banner 案例。

6.5　实训 3　制作企业招聘 banner

6.5.1　实训示例

本示例将设计一款变形文字，如图 6-5-1 所示，将文字栅格化为图形，再为其添加相应的投影，使图形与文字相结合，从而达到文字变形的效果；然后对变形后的文字进行一定的处理，使其更符合网站页面的整体风格。

▲ 图 6-5-1　示例效果

6.5.2　项目演示

（1）新建一个 1280 px×600 px、分辨率为 72 ppi、RGB 颜色模式的空白文件。

（2）选择"渐变编辑器"，将背景设置为深蓝到浅蓝的渐变，如图 6-5-2 至 6-5-4 所示。

企业招聘 banner 制作

▲ 图 6-5-2　渐变编辑器

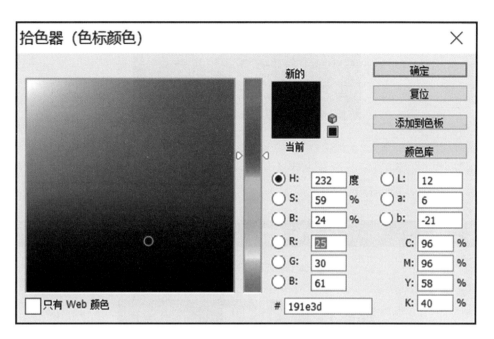

▲ 图 6-5-3 渐变深色

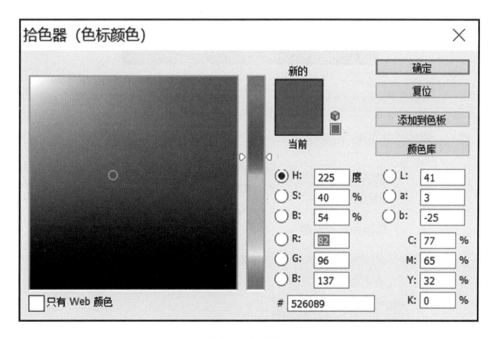

▲ 图 6-5-4 渐变浅色

（3）在"渐变"属性栏中设置"线性渐变"，模式为"正常"，长按鼠标在画面上拖动出想要的效果，如图 6-5-5 和图 6-5-6 所示。

▲ 图 6-5-5 渐变属性

▲ 图 6-5-6　渐变效果

（4）选择"文字工具"，设置文字大小为"670 点"，字体为"宋体"，输入"聘"字，如图 6-5-7 和图 6-5-8 所示。

▲ 图 6-5-7　文字属性

▲ 图 6-5-8　输入文字

（5）为了把笔画分隔开，需要把文字图层变为普通图层，在文字图层上单击右键，执行"栅格化文字"命令，如图 6-5-9 所示。

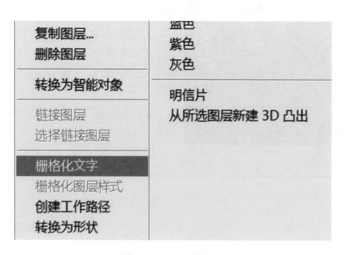

▲ 图 6-5-9　栅格化文字

（6）选择当前图层，选择"钢笔工具"框选"聘"字的"由"部分，如图 6-5-10 所示。按"Ctrl+Shift+J"组合键，把"由"从图层中分离出来，按此方法把另外两个部分分离出来，如图 6-5-11 所示。

▲ 图 6-5-10　框选选区

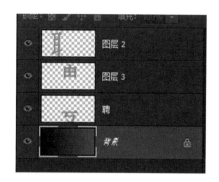

▲ 图 6-5-11　分离文字

（7）把三个分开的部分放在适当的位置上并调整其大小，如图 6-5-12 所示。

（8）给"耳"图层添加图层样式，调整角度并设置渐变颜色，如图 6-5-13 至 6-5-15 所示。

▲ 图 6-5-12　调整文字大小及位置

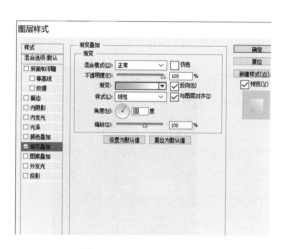

▲ 图 6-5-13　添加图层样式

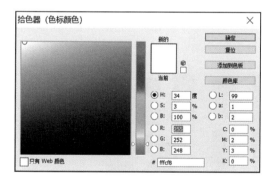

▲ 图 6-5-14　渐变叠加浅色

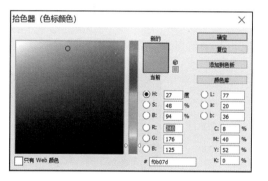

▲ 图 6-5-15　渐变叠加深色

（9）添加斜面和浮雕效果，如图 6-5-16 和图 6-5-17 所示。

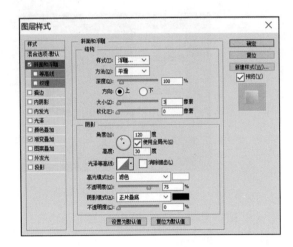

▲ 图 6-5-16　斜面和浮雕效果 1　　　　▲ 图 6-5-17　斜面和浮雕效果 2

（10）需要把其余的部分都添加上图层样式，在"耳"图层上单击右键复制图层样式，再在要添加的图层上单击右键粘贴图层样式，如图 6-5-18 和图 6-5-19 所示。

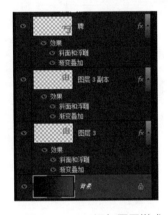

▲ 图 6-5-18　添加图层样式　　　　▲ 图 6-5-19　斜面浮雕效果

（11）给"耳"添加投影，先复制"耳"图层，按"Ctrl+T"组合键自由变换，按"Ctrl"键拖动一个角点，直到调整出想要的形状，如图 6-5-20 所示。

▲ 图 6-5-20　"耳"字添加投影

（12）给投影层添加图层样式，设置渐变颜色和投影效果，如图 6-5-21 至图 6-5-24

所示。

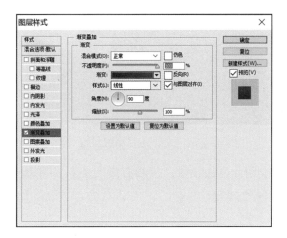

▲ 图 6-5-21　添加图层样式

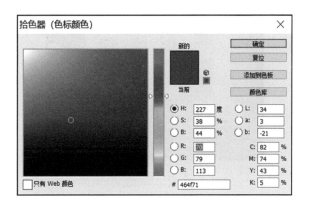

▲ 图 6-5-22　渐变叠加浅颜色

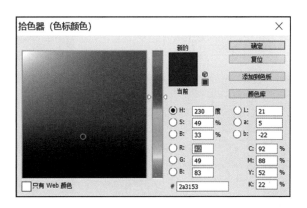

▲ 图 6-5-23　渐变叠加深颜色

▲ 图 6-5-24　投影效果

（13）其他两个图层也用此方法设置，投影有虚实关系，可以选择"橡皮擦工具"对相应图层进行修饰，如图 6-5-25 所示。

▲ 图 6-5-25　完成投影效果

（14）复制并粘贴"耳"图层，清除其图层样式，填充颜色为"#f9dfc9"，将其放置在适当的位置，如图 6-5-26 和图 6-5-27 所示。

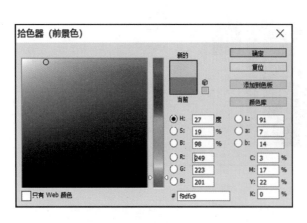

▲ 图 6-5-26　填充"耳"字颜色

▲ 图 6-5-27　调整"耳"字位置

（15）在当前图层执行"滤镜"→"模糊"→"高斯模糊"，如图 6-5-28 和图 6-5-29 所示。

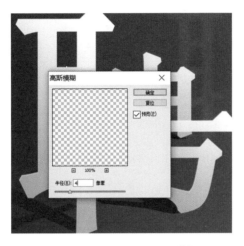

▲ 图 6-5-28　设置高斯模糊　　　　　　　　▲ 图 6-5-29　模糊效果

（16）输入左面文字部分，上下文字的颜色为"#f9dfc9"，字体大小分别是"85 点"和"66 点"，颜色、效果如图 6-5-30 和图 6-5-31 所示。

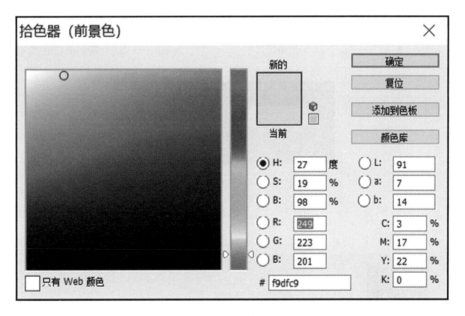

▲ 图 6-5-30　文字颜色

▲ 图 6-5-31　文字效果

（17）绘制一个圆角矩形矢量图层，选中图层并用另一个矩形图层减去顶层形状和侧边形状，如图 6-5-32 至图 6-5-34 所示。

▲ 图 6-5-32　绘制圆角矩形　　　　　▲ 图 6-5-33　减去顶层形状

▲ 图 6-5-34　减去之后效果

（18）复制当前图层，按"Ctrl+T"组合键对其进行"水平翻转"和"垂直翻转"，如图 6-5-35 和图 6-5-36 所示。

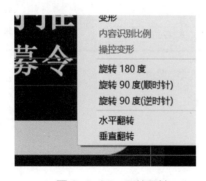

▲ 图 6-5-35　翻转属性　　　　　　　▲ 图 6-5-36　翻转效果

（19）在图形内部输入文字，绘制两个圆点，完成最后的操作，如图 6-5-37 和图 6-5-38

所示。

▲ 图 6-5-37 文字效果

▲ 图 6-5-38 完成最终效果

6.5.3 评价与思考

设计人员在设计网站页面时需要发挥个性化的优势，在网站文字和广告设计中不断创新，这样才能使网站页面的层次更高、效果更好，更能吸引用户的注意。

学完本部分内容后，你有什么收获呢？请根据自己的学习情况填涂评价表 6-5-1。

表 6-5-1 评价表 13

评价内容	评价要点	自我评价	小组评价	教师评价
参与态度	团队合作配合程度	☆ ☆ ☆ ☆ ☆	☆ ☆ ☆ ☆ ☆	☆ ☆ ☆ ☆ ☆
	时间分配是否合理	☆ ☆ ☆ ☆ ☆	☆ ☆ ☆ ☆ ☆	☆ ☆ ☆ ☆ ☆
	实训过程中的态度	☆ ☆ ☆ ☆ ☆	☆ ☆ ☆ ☆ ☆	☆ ☆ ☆ ☆ ☆
操作能力	能在规定时间内完成所有的实战操作	☆ ☆ ☆ ☆ ☆	☆ ☆ ☆ ☆ ☆	☆ ☆ ☆ ☆ ☆
	综合运用 Adobe Photoshop 知识制作项目，文件制作精细程度	☆ ☆ ☆ ☆ ☆	☆ ☆ ☆ ☆ ☆	☆ ☆ ☆ ☆ ☆
操作能力	文件尺寸、色彩模式、分辨率是否符合制作要求	☆ ☆ ☆ ☆ ☆	☆ ☆ ☆ ☆ ☆	☆ ☆ ☆ ☆ ☆
	整体布局要求严谨，色彩、版式、文字运用是否使用合理	☆ ☆ ☆ ☆ ☆	☆ ☆ ☆ ☆ ☆	☆ ☆ ☆ ☆ ☆
职业素养	能良好表达自己的观点，善于倾听他人的观点	☆ ☆ ☆ ☆ ☆	☆ ☆ ☆ ☆ ☆	☆ ☆ ☆ ☆ ☆
	能主动用不同方法完成项目，分析哪种方法更适合	☆ ☆ ☆ ☆ ☆	☆ ☆ ☆ ☆ ☆	☆ ☆ ☆ ☆ ☆
	主动向他人学习	☆ ☆ ☆ ☆ ☆	☆ ☆ ☆ ☆ ☆	☆ ☆ ☆ ☆ ☆
	提出新的想法、建议和策略	☆ ☆ ☆ ☆ ☆	☆ ☆ ☆ ☆ ☆	☆ ☆ ☆ ☆ ☆

评价内容	评价要点	自我评价	小组评价	教师评价
实践创新	在完成项目前提下具有创新意识，有能力结合实际找到新的解决问题的办法	☆☆☆☆☆	☆☆☆☆☆	☆☆☆☆☆
自我反思与评价				

6.5.4 实战演练

完成实战案例，如图 6-5-39 所示。

▲ 图 6-5-39 实战案例

第三部分
项目开发实战

　　前面的课程对界面设计元素逐一进行了介绍，帮助初学者掌握了制作网页界面的流程、界面视觉设计的规范及网页交互体验的技巧等方面的知识。本部分的两个实战案例将具体讲解如何设计实际界面。

第 7 章　租房类 App 项目实战

7.1　实战准备

7.1.1　实训示例

本部分将设计制作一款租房类 App "蜜窝" 的首页工作界面，如图 7-1-1 所示。

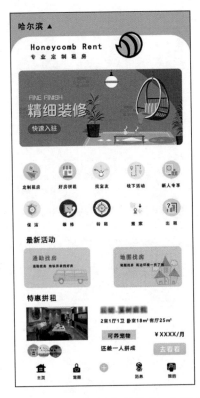

▲ 图 7-1-1　"蜜窝" 的首页工作界面

7.1.2　知识储备

要想设计好 App 的界面，应该多分析他人的作品，从中吸取精华。市场上的 App 有许多类型：购物类、影音类、图像类、系统工具类、通讯社交类、阅读资讯类、办公类和交通位置类等。无论何种 App 类型，用户在使用 App 时都会访问各种页面，主要包括启动页、闪屏页、引导页、首页、导航页、详情页、注册登录页等。

1. 启动页

App 在启动时会有一小段初始化过程，在这个过程中用户看到的所有静态或动态的页面被统称为启动页，如图 7-1-2 所示。

启动页 1

启动页 2

启动页 3

▲ 图 7-1-2　启动页

　　启动页的作用是缓和用户打开 App 时等待的焦虑情绪，开发者可以利用这个初始化的过程向用户传递一些品牌信息方面的内容。一般情况下，启动页由"产品名称 + 产品形象 + 广告语"组成，设计的内容不宜过多，能突出产品特色即可。为了强化用户对产品的认知记忆，不宜经常更换启动页。

2. 闪屏页

　　闪屏页与启动页非常相似，由于闪屏页主要用于活动推广，因此也被称为开机广告。为了避免生硬的商业宣传使用户产生排斥心理，大多数闪屏页有倒计时和跳过功能。闪屏页的类型主要有广告推广型、活动推广型和特色节日型，如图 7-1-3 所示。

　　（1）广告推广型：产品可以通过流量变现，在界面的大部分区域面向商家提供广告宣传。

　　（2）活动推广型：以特色活动为主题进行营销策划，围绕用户利益点，营造活动氛围。

　　（3）特色节日型：依托特殊节日将情感融入设计，提升受众群体对产品的好感度。此类闪屏页多采用插画手法营造节日气氛。

闪屏页 1　　　　　　　　　　闪屏页 2　　　　　　　　　　闪屏页 3

▲ 图 7-1-3　闪屏页

知识链接

元宵节

　　元宵节是中国的传统节日之一，又称上元节、小正月、元夕或灯节，时间为每年农历正月十五，正月是农历的元月，古人称夜为"宵"，所以称正月十五为"元宵节"。

　　元宵节主要有赏花灯、猜灯谜、吃汤圆或元宵等一系列传统民俗活动。此外，不少地方的元宵节还增加了游龙灯、舞狮子、踩高跷、划旱船、扭秧歌、打太平鼓等传统民俗表演。

　　中国传统节日习俗适应了中国社会广大民众在物质、精神、伦理和审美等方面的综合需要。在物质生活层面，中国的传统节日具有许多不同节日独特的食品，如元宵节，全家人会聚在一起吃汤圆或元宵，"汤圆"与"团圆"字音相近，象征着团团圆圆，和睦相处，元宵节的这一习俗反映了中国人民积极的生活态度和对美好生活的期盼向往。2008 年 6 月，元宵节被选入第二批国家级非物质文化遗产。

3. 引导页

　　在安装或版本更新后首次启动 App 时，通常有不超过五页且可以左右滑动的页面，用于向用户展示产品的功能和亮点，这类页面被称为引导页。引导页一般分为功能介绍型、推广介绍型和问题解决型三种类型，且最后一页包含引导按钮，用户单击后可以直接进入 App

首页。

（1）功能介绍型：此类型的页面通过凝练产品特色功能，在有限的页面内把产品信息传递给用户，如图 7-1-4 所示。

▲ 图 7-1-4　功能介绍型引导页

（2）推广介绍型：此类型的页面以传达品牌思想和态度为目的，阐述产品的使命和情怀，引起用户的共鸣，如图 7-1-5 所示。

▲ 图 7-1-5　推广介绍型引导页

（3）问题解决型：此类型的页面以用户痛点为出发点，通过描述解决方案的要点，让用户对产品产生好感，增加用户黏性，如图 7-1-6 所示。

▲ 图 7-1-6　问题解决型引导页

4. 首页

App 的首页是用户访问最多的页面，这里展示的内容需要引导用户去购买或者完成特定的行为。App 的首页需要根据 App 的类型进行不同的版式设计，如注重内容的电商类 App 大多页面非常复杂，而注重实用性的工具类 App 的首页非常简洁。常见的首页类型有以下三种。

1）浏览引导为主型

浏览引导为主型的页面在布局上会有一个明确的主线，能给用户提供潜在的引导提示。此类页面的版式外在表现主要有上下分割型、左右分割型、中轴型、曲线型等。

2）提高浏览效率为主型

提高浏览效率为主型的页面比较典型，通常存在于资讯、新闻和图库类 App 中，此类页面通过图文的混合编排呈现出理性而严谨的视觉效果，使信息的传递更为快速、清晰。

3）信息展示为主型

信息展示为主型的页面主要应用于记录类和天气类 App。此类页面受信息量和功能特性等因素的影响，多数采用满屏型布局。

5. 导航页

导航是在各个功能场景之间切换的工具，它将产品的功能有序地连接起来。由于手机屏幕大小的限制，App 的菜单导航页通常会通过滑动页面展现或者隐藏在其他按钮中。

1）底部标签式导航

底部标签式导航是最常见的菜单导航样式，一般作为全局导航使用，这种导航的内容最为直观，且不会被隐藏，当选中按钮时会被高亮显示。

2）顶部标签式导航

顶部标签式导航通常和底部标签式导航搭配使用，属于二级辅助导航，标签的数量一般在三个以上。

3）舵式导航

舵式导航的位置与底部标签式导航一样位于页面底部，但不同的是，舵式导航会将核心功能入口放在中间位置，形成对称效果。

4）抽屉式导航

抽屉式导航又称侧边栏导航。将很多低频功能藏到抽屉式导航内，能够节省屏幕空间，让页面看起来简洁美观。

5）宫格式导航

宫格式导航在视觉上比较整齐直观，方便用户快速查找。同等级功能之间没有很大关联性的 App 可以采用这种导航形式。

宫格式导航虽然可以容纳很多内容，但用户对这种导航的接受度不一定高，而且用户在切换其他功能时会比较麻烦，所以此类导航往往作为辅助导航使用。

6）悬浮式导航

悬浮式导航将部分功能聚合在悬浮球当中，常作为二级辅助导航使用，在阅读类或工具类 App 中比较常见。

　　随着产品功能的增多，导航的形式也趋于多样，设计人员在进行导航设计时需要关注产品的特点，毕竟适合产品的设计才算是优秀的设计。

6. 详情页

　　详情页是展示具体信息的页面，也是 App 必不可少的页面。一个好的产品如果没有好的详情页来支撑，那它的转化率就会很低，获取的流量也会减少。所以，设计人员要从用户的购买心理、浏览习惯和购物逻辑等角度构思详情页的设计。由于用户在线上不能直接体验产品，因此详情页就是要告诉他们该页面展示的产品值得信赖。详情页要从引起用户的注意出发，激发潜在用户的消费需求，得到他们的认同与信任。要想设计好一个详情页，设计人员需要在前期进行调查和构思，确定好方向后再进行设计。

7. 注册登录页

　　注册登录页也是 App 的必备页面。为了提高用户的体验度，某些登录页面在设计时会有授权第三方应用一键登录的入口。从功能方面来讲，注册登录页包括登录、注册、找回密码三大功能，其中的每一个功能又包含多种不同的子功能。

7.1.3　技术储备

1. 标注工具及方法

　　像素大厨（PxCook）是一款面向设计人员的免费、交互流畅、全平台支持的标注、切图工具软件。它可以对 Adobe Photoshop、Sketch 设计的元素尺寸、元素距离、文本样式、颜色进行智能标注，也支持智能切图。接下来的内容会着重展示 PxCook 的支持平台、核心功能与流畅体验。

　　PxCook 支持 Windows 操作系统和 Mac OS 系统，操作方法如下。

　　（1）在 Adobe Photoshop 中将文件保存为 PSD 格式或 JPG 格式，执行"编辑"→"远程设置"，并设置密码。

　　（2）单击后在左侧选择需要导出的图层，单击"导出选中的画板"，再单击"导出到 PxCook"。

　　（3）单击后跳转到 PxCook 界面，输入项目的名称进行命名。

　　（4）输入项目名称后需要选择格式，然后选择"创建项目"。

　　（5）成功创建项目后进入项目列表页，选择需要进行操作的项目。

　　（6）进入开发者模式后，在右侧可查看相应部分的代码，需要标注的话，选择"设计"。

　　（7）导入 PSD 格式或 JPG 格式的文件，进入设计界面，在页面中选择需要进行标注的部分，然后在左侧选择工具。

　　（8）选择文字图层，进行文字标注。

　　（9）双击文本部分，手动调整数值。

（10）在菜单栏中选择"项目"→"导出标注图"→"当前画板（.png）"。

界面设计完成后，就要对界面进行标注操作。标注对 App 界面开发人员来说是非常重要的，开发人员能否完美地还原设计稿，在很大程度上取决于界面的标注效果。

2. App 界面的标注内容

App 界面通常需要标注的内容如下。

段落文字：字体大小、字体颜色、行距。

布局控制属性：控件宽高、背景色、透明度、描边、圆角大小。

列表：列表高度、列表颜色、列表内容、上下左右间距。

间距：控件之间的距离、左右边距。

不需要将每一张效果图都进行标注，多个页面相同的地方可以只标注一次，如导航栏文字大小、颜色、左右边距等。标注的页面能保证开发人员顺利地进行开发工作即可。图7-1-7 所示为已完成的页面标注效果。

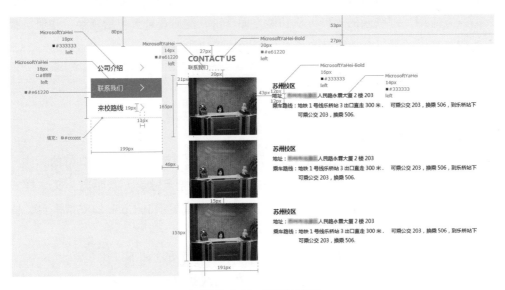

▲ 图 7-1-7　页面标注图

3. 切图操作中的两个重要因素

切图尺寸和命名规范是切图操作中的两个重要因素。

1）所有切图尺寸必须为双数值

智能手机的屏幕大小都是双数值，切图资源尺寸也必须为双数值，这是为了保证切图资源在开发人员进行填充时能够高清显示。1 px 是智能手机能够识别的最小单位，也就是说，1 px 在智能手机中不能再被分为两份，因此如果以单数切图的话，手机系统就会自动拉伸切图，从而导致切图元素边缘模糊，使开发出来的 App 界面效果与原设计效果产生差别。

2）切图名称全部为小写英文字母

由于开发人员的代码里只有英文字母，因此如果设计人员提供的切图名称为中文，那么开发人员还要进行更改。为了避免出现这种情况，提高工作效率，切图名称应全部使用小写的英文字母，这样既能方便开发人员直接使用，又能避免他们随意修改名称。

7.2　实战步骤

7.2.1　背景分析

近几年来，中国房屋租赁市场一直处于稳步增长阶段。在多重因素的共同作用下，预计未来租赁市场将持续增长。年轻人成为租房主力军，他们的需求是找到性价比高的房源，并快速看完多个房源。"蜜窝"这个名字是根据蜜蜂勤劳筑巢的特点而得来的，App 主题色运用了适合年轻人的活泼鲜艳的颜色。蜜窝 App 的功能如图 7-2-1 所示。

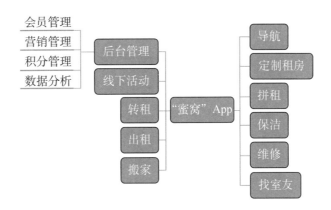

▲ 图 7-2-1　蜜窝 App 的功能

设计人员在设计前要对目标 App 做一系列的背景分析，如表 7-2-1 所示。

表 7-2-1　租房 App 背景分析

产品定位	专注于租房服务，为现代快节奏生活的群体提供找房、租房等便捷服务，蜜窝让远离家的人在外也能拥有甜蜜的小窝		
用户画像	姓名：艾利 性别：女 年龄：22 岁 职业：设计师 需求：刚毕业的大学生，没有太多预算，需要快速在新环境安家，找到干净、舒适的房子 痛点：对新城市不熟悉，第一次独立租房担心被中介欺骗	姓名：陈冲 性别：男 年龄：30 岁 职业：IT 工程师 需求：工作了几年的工薪族，有一定经济基础，对生活质量和通勤时间要求较高，希望找到交通方便的房子 痛点：因为有租房经验，所以不希望中介介入，这样可以省下中介费	姓名：奕辰 性别：男 年龄：40 岁 职业：医生 需求：家里有几套房子，工作比较忙，希望能遇到省心的平台，通过平台出租房子 痛点：不想总被中介打扰

续表

竞品分析	A 租房 App 是大家熟悉的找房 App，但是界面条理不够清晰，对新手用户不友好	B 租房 App 虽然界面清晰，但是功能过于单一	C 租房 App 界面简单，但是功能也比较单一
	需求用户基本上比较年轻，需要在设计上增加趣味性，很多用户不喜欢中介干预找房，希望房东直接出租		

7.2.2 草图制作

为了确保最后完成的 App 界面与产品经理的策划一致，设计人员在开始设计制作之前，可以先按照策划的内容将 App 产品草图制作出来，得到产品经理和开发人员的认可后，再开始界面的设计与制作。

1. 界面尺寸

该实战项目中的案例制作以手机屏幕尺寸为 6.1 英寸为基础，屏幕分辨率为 2556 px × 1179 px。使用墨刀平台完成界面草图制作。

2. 界面布局

按照功能，该 App 首页可被分为顶部、中部和底部三个部分。

顶部采用项目卡布局方式，通过 banner 展示 App 最新推出的活动及相关内容，如图 7-2-2 所示。

▲ 图 7-2-2　顶部布局

中部采用宫格布局方式，整齐地排列不同的分类，信息内容简单明了，既方便用户快速查找，又使整个页面看起来规矩和整齐，如图 7-2-3 所示。宫格布局方式能使内容区域随着屏幕分辨率不同而自动伸缩，调整高度，同时宫格布局方式也是开发人员比较容易编写的一种布局方式。

底部布局方式比较多样化，整体采用列表布局方式，将复杂的页面内容以列表的形式分为最新活动、特惠拼租，如图 7-2-4 所示。

▲ 图 7-2-3　中部布局　　　　　　　　　　　▲ 图 7-2-4　底部布局

7.2.3　界面色彩搭配

设计人员根据策划方案的内容完成草图制作后，要将其交给各个部门确认，确认后即可开始界面的设计工作。在设计开始之前，要先确定 App 界面的配色方案，以保证整个界面风格统一。配色方案通常包括主色、辅助色、点缀色和文本色。

1. 界面主色的确定

"蜜窝"是一款租房类 App，界面要能随时向用户传递和谐、温馨的视觉感受。在众多色彩中符合此要求的颜色有红色、橙色和黄色，如图 7-2-5 所示。

▲ 图 7-2-5　符合 App 主题要求的颜色

红色虽然有较强的视觉冲击力，但是大面积地使用容易让人产生烦躁的情绪，不利于用户长时间浏览页面。而橙色给人以温暖的感觉，又不会显得过于热闹，因此该 App 把橙色定位为主色，如图 7-2-6 所示。

#ffbc0f

▲ 图 7-2-6 　界面主色

2. 辅助色和点缀色的确定

确定主色以后，接下来可以根据主色确定辅助色。租房类 App 中通常会展示很多房子的图片，这些图片的颜色非常丰富，为了避免界面中颜色过多分散用户对产品本身的注意力，本案例将使用蓝色和中性色——黑色、白色作为辅助色，如图 7-2-7 所示。

▲ 图 7-2-7 　辅助色

页面中需要突出显示的部分可以使用主色作为点缀色，不需要再搭配其他颜色，这样既能保证页面色调的统一，又能很好地起到强调作用，如图 7-2-8 所示。

▲ 图 7-2-8 　点缀色

3. 文本色的确定

租房类 App 中文本的内容相对比较少，通常包括标题文本、说明文本和强调文本三种。标题文本可以采用黑色作为文本色，说明文本在颜色和大小上相对于标题文本都需要有所降级，可采用深灰色作为文本色，而强调文本可以直接用主色作为文本色，如图 7-2-9 所示。

▲ 图 7-2-9 　文本色

7.3　实战案例

7.3.1　设计制作 App 图标组

本案例将用 Adobe Photoshop 制作一组"蜜窝"租房 App 的图标。图标组包括 1 个启动图标、10 个分类图标和 4 个系统图标。图标采用了扁平化风格，简单直接地将对应的功能展现出来。图 7-3-1 为图标组效果示例。

▲ 图 7-3-1　图标组效果示例

1. 启动图标

（1）新建一个 400 px×400 px、分辨率为 72 ppi、RGB 颜色模式的白色背景文件，背景填充主色（#ffbc0f），如图 7-3-2 所示。

▲ 图 7-3-2　填充背景颜色

（2）绘制辅助线，选择椭圆选框工具，属性栏选择形状，颜色为黑色，在辅助线交叉点位置按"Shift"键拖拽出一个圆形形状图层，如图 7-3-3 所示。用同一方式拖拽出第二个较小的圆形形状图层，如图 7-3-4 所示。降低两个图层的不透明度，并调整它们的位置，如图

7-3-5 所示。

▲ 图 7-3-3　绘制圆形形状图层

▲ 图 7-3-4　拖拽出第二个圆形形状图层

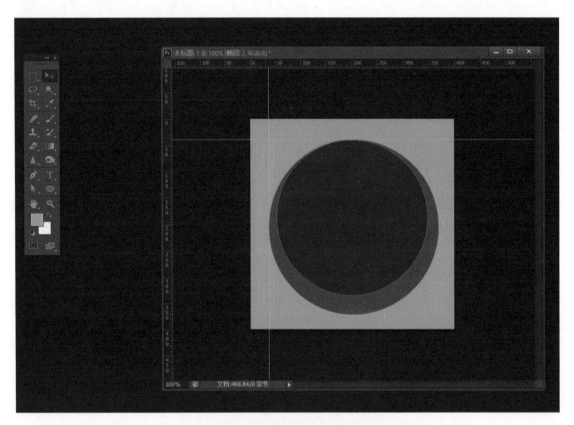

▲ 图 7-3-5　降低两个圆形图层的不透明度并调整位置

（3）选中第一个圆形图层，在属性栏中选择"减去顶层形状"，在第一个圆形的底部绘制一个小圆形，与第二个圆形相切，如图 7-3-6 所示。然后用钢笔工具，选择" 形状"→"减去顶层形状"，减去多余部分，如图 7-3-7 所示。

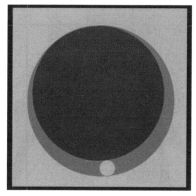

▲ 图 7-3-6　绘制小圆形

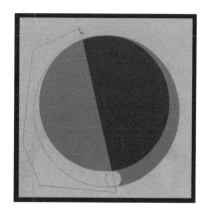

▲ 图 7-3-7　减去多余部分

（4）栅格化两个圆形图层，恢复其不透明度，选中两个图层后按"Ctrl+E"组合键合并图层，如图 7-3-8 所示。

▲ 图 7-3-8　合并图层

（5）按住"Ctrl"键，单击图层，将图层载入选区。按住"Alt+S+T"组合键，选中选区，如图 7-3-9 所示。按"Alt+Shift"组合键，以中心点为基准点，等比例缩小选区，可以适当旋转并调整内部选区形状及位置，如图 7-3-10 所示。

▲ 图 7-3-9　选中选区

▲ 图 7-3-10　缩小选区

（6）新建图层，填充白色，可适当调整内部的白色区域，如图 7-3-11 所示。再用钢笔工具，通过填充和删除选区，完成如图 7-3-12 所示的操作。

（7）选择白色图层，然后选择"椭圆选框工具"，锁定透明像素，在适当的位置绘制一个椭圆形选区，填充主色，如图 7-3-13、7-3-14 所示。

▲ 图 7-3-11　填充白色

▲ 图 7-3-12　填充和删除选区

▲ 图 7-3-13　绘制椭圆形选区并锁定透明像素

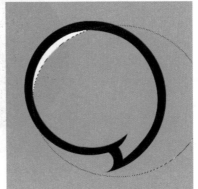

▲ 图 7-3-14　填充主色

（8）反复进行上述操作绘制选区，分别填充黑色和主色，形成条纹，如图 7-3-15 和图 7-3-16 所示。

▲ 图 7-3-15　填充第一个条纹

▲ 图 7-3-16　最终效果

2. 分类图标

这里以"好房拼租"图标为例，展示制作过往。

蜜窝 App 分类图标
制作

（1）新建一个 400 px × 400 px、分辨率为 72 ppi、RGB 颜色模式的白色背景文件。

（2）绘制出辅助线，如图 7-3-17 所示。按"Alt+Shift"组合键以中心点为基准点创建一个圆形选区，填充黄色（#feda79），如图 7-3-18 所示。

▲ 图 7-3-17　绘制辅助线　　▲ 图 7-3-18　填充黄色背景

（3）选择"圆角矩形工具"，宽度、高度都为 120 px，倒圆角半径为 20 px，以中心点为基准点绘制倒圆角正方形，颜色为白色，如图 7-3-19 所示。然后绘制 6 个宽度为 20 px、高度为 40 px、倒圆角半径为 10 px 的圆角矩形拼成房盖，颜色分别是"#adecf5"和"#e15d36"，如图 7-3-20 和图 7-3-21 所示。

（4）选中 6 个房盖图层，进行栅格化，并合并图层。选中白色圆角矩形图层，按"Ctrl"键并单击图层，将圆角矩形图层载入选区。选择"房盖"图层，按"Ctrl+shift+I"组合键反选，按"Delete"键删除多余部分，效果如图 7-3-22 所示。

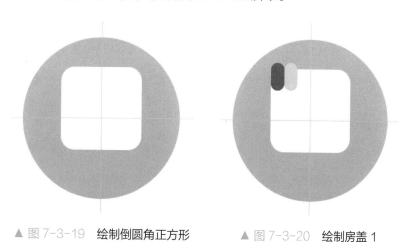

▲ 图 7-3-19　绘制倒圆角正方形　　▲ 图 7-3-20　绘制房盖 1

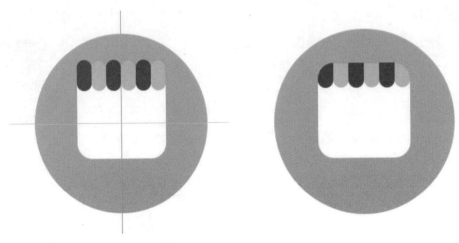

▲ 图 7-3-21　绘制房盖 2　　　　　　▲ 图 7-3-22　房盖效果

（5）选择"圆角矩形工具"，半径设置为 4 px，颜色为"#ff936f"，分别绘制一个倒圆角正方形和倒圆角长方形作为窗户和门，效果如图 7-3-23 所示。然后选择矩形工具，在房子下方绘制两条黑色线条，完成房子图标的绘制，如图 7-3-24 所示。

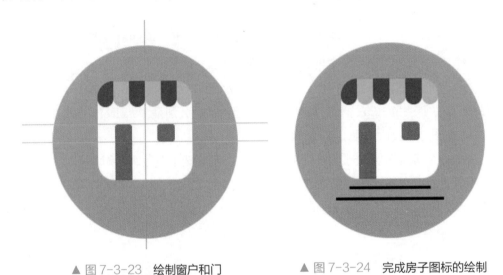

▲ 图 7-3-23　绘制窗户和门　　　　　▲ 图 7-3-24　完成房子图标的绘制

4 个系统图标与分类图标的制作方法一致，此处不再赘述。

7.3.2　设计制作 App 界面

（1）新建一个 900 px×1800 px、分辨率为 72 ppi、RGB 颜色模式的空白文件，背景填充主色（#ffbc0f）。然后绘制辅助线，选择圆角矩形工具，半径设置为 100 px，颜色填充为白色，拖拽出一个圆角矩形，这样界面的顶部颜色和形状就出现了，如图 7-3-25 所示。

蜜窝 App 界面设计

（2）把原来的布局图拖拽至图层中，并调整其位置，如图 7-3-26 所示。然后在顶部输入文字，并绘制一个黑色三角形，如图 7-3-27 所示。

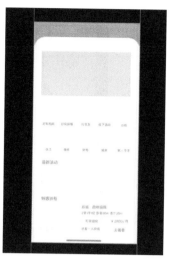

▲ 图 7-3-25　绘制顶部布局　　　　　　　　▲ 图 7-3-26　拖拽原有布局至图层

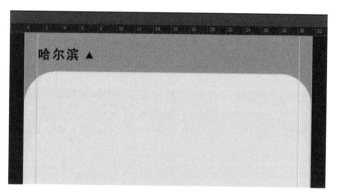

▲ 图 7-3-27　在顶部书写文字并绘制三角形

（3）在白色倒圆角矩形上输入标题文字并将启动图标载入其中，效果如图 7-3-28 所示。

▲ 图 7-3-28　输入标题文字并载入启动图标

（4）按照布局图，将 banner 图放在适当位置，如图 7-3-29 和图 7-3-30 所示。

▲ 图 7-3-29　载入 banner 图

▲ 图 7-3-30　banner 图细节

（5）将分类图标组放入其中，如图 7-3-31 所示。在每个图标下面输入文字，如图 7-3-32 所示。

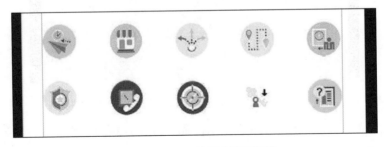

▲ 图 7-3-31　放置分类图标组

▲ 图 7-3-32　输入图标文字

（6）根据布局在界面中部放置素材，如图 7-3-33 所示。然后调整素材位置，如图 7-3-34 所示。输入文字，如图 7-3-35 所示。

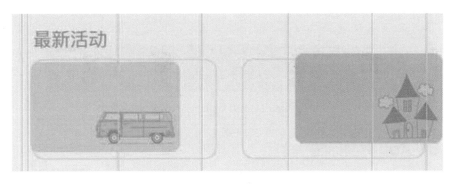

▲ 图 7-3-33　放置素材

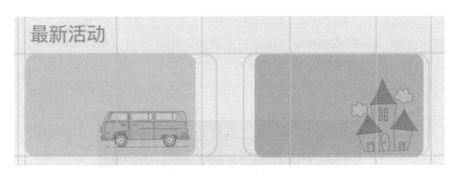

▲ 图 7-3-34　调整素材位置

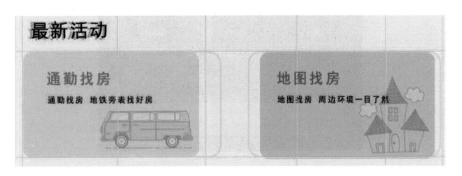

▲ 图 7-3-35　输入文字

（7）在租房区添加图标及文字，如图 7-3-36 所示。然后在底部放置导航图标，如图 7-3-37

所示。

▲ 图 7-3-36　添加相应内容

▲ 图 7-3-37　底部导航图标

7.3.3　App 界面标注

使用 PxCook 标注 App 界面。

完成蜜窝 App 的界面设计后，需要开发人员编码完成最终的 App 项目。为了方便开发人员制作出与设计稿完全相同的界面，要在最终的设计稿上标注并将其切片输出。以下是使用 PxCook 完成的界面标注。

App 界面标注

（1）双击打开 PxCook 软件，在右上角单击"创建项目"，输入项目名称和项目类型，如图 7-3-38 所示。

▲ 图 7-3-38　创建项目

（2）执行 Adobe Photoshop 软件标注，导入 JPG 格式的文件（也可以导入 PSD、PNG 格式），如图 7-3-39 所示。

▲ 图 7-3-39　导入 JPG 格式的文件

（3）单击右侧"添加"按钮，载入要添加的项目文件，如图 7-3-40 和图 7-3-41 所示。

▲ 图 7-3-40　添加文件

▲ 图 7-3-41　添加后的效果

（4）双击"文件"，进入编辑区域，如图 7-3-42 所示。

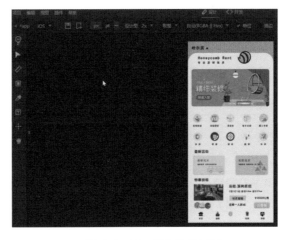

▲ 图 7-3-42　进入编辑区域

（5）如导入 PSD 格式可以按照图层进行智能标注，这里为了让初学者学习软件的使用方法，选用 JPG 格式进行讲解。对整体布局进行标注，执行"距离标注"（图 7-3-43），在画面上进行拖拽。在画面上选择合适的距离，如图 7-3-44 所示。

▲ 图 7-3-43　距离标注按钮　　　　　　▲ 图 7-3-44　用距离标注

（6）选择对区域进行标注，如图 7-3-45 所示。

▲ 图 7-3-45　区域标注

（7）对文字的大小、颜色、行距进行标注，如图 7-4-46 所示。

▲ 图 7-3-46　文字大小、颜色、行距标注

（8）对图标、控件的宽高、距离进行标注，如图 7-3-47 所示。

（9）选择"项目"→"导出标注图"→"当前画板（.png）"，导出标注图，如图 7-3-48 所示，标注效果如图 7-3-49 所示。

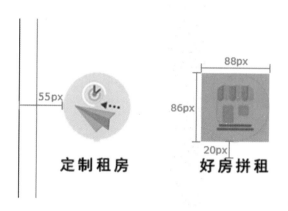

▲ 图 7-3-47　图标、控件标注

▲ 图 7-3-48　导出标注图操作

▲ 图 7-3-49　标注效果

7.3.4　App 界面的适配与切图

切图是实现设计效果的重要环节，开发人员在还原界面设计的过程中需要计算各个元素的位置和排列方式，然后通过调用设计人员切图输出的图像进行填充，符合规范的切图能够帮助开发人员提高产品的开发效率。以下是"首页"界面素材切图输出的具体操作。

App 界面切图

（1）在 PxCook 软件中导入 PSD 格式文件，如图 7-3-50 所示。

▲ 图 7-3-50　导入 PSD 格式文件

（2）在 Adobe Photoshop 软件中选择"编辑"→"远程连接"，设置密码，如图 7-3-51 所示。

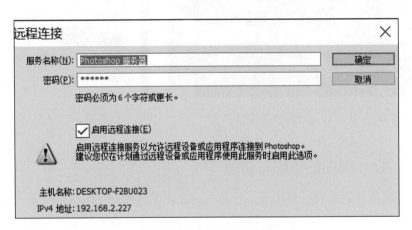

▲ 图 7-3-51　远程连接

（3）在 PxCook 软件中选择"插件"→"旧版本 PS 切图工具"，如图 7-3-52 所示。

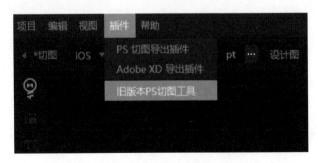

▲ 图 7-3-52　选择"旧版本 PS 切图工具"

（4）在 Adobe Photoshop 出现的对话框中，设置切图参数，如图 7-3-53 所示。

▲ 图 7-3-53　切图参数设置

（5）选择要切图的图层，也可以按"Ctrl"键多选，设置路径及文件格式，单击"切所选图层"，完成切图，效果如图 7-3-54 所示。

▲ 图 7-3-54　切图效果

需要注意的是，为了方便开发人员使用，需要对导出的素材进行重命名操作。重命名操作会产生额外的工作量，在导出元素前，设计人员可以先在"图层"面板中对导出对象进行重命名，或者在设计制作时就注意使用正确的名称，这样可以大大减少后期的工作量。

7.4　评价与思考

本实战示例以 iOS 系统界面设计规范为基础，详细讲解了一款租房类 App 从策划到输出的整个过程。设计人员需要从布局、配色和字体等方面考虑，进行 App 界面的设计制作，在完美呈现策划内容的同时，确保整个界面符合 iOS 系统规范要求。除此之外，设计人员还要了解在移动 UI 设计行业中，移动 UI 设计与前期策划和后期开发之间的关系。

学完本部分内容后，你有什么收获呢？请根据自己的学习情况填涂评价表 7-4-1。

表 7-4-1 **评价表 14**

评价内容	评价要点	自我评价	小组评价	教师评价
参与态度	团队合作配合程度	☆ ☆ ☆ ☆ ☆	☆ ☆ ☆ ☆ ☆	☆ ☆ ☆ ☆ ☆
	时间分配是否合理	☆ ☆ ☆ ☆ ☆	☆ ☆ ☆ ☆ ☆	☆ ☆ ☆ ☆ ☆
	实训过程中的态度	☆ ☆ ☆ ☆ ☆	☆ ☆ ☆ ☆ ☆	☆ ☆ ☆ ☆ ☆
操作能力	能在规定时间内完成所有的实战操作	☆ ☆ ☆ ☆ ☆	☆ ☆ ☆ ☆ ☆	☆ ☆ ☆ ☆ ☆
	综合运用 Adobe Photoshop 知识制作项目，文件制作精细程度	☆ ☆ ☆ ☆ ☆	☆ ☆ ☆ ☆ ☆	☆ ☆ ☆ ☆ ☆
	文件尺寸、色彩模式、分辨率是否符合制作要求	☆ ☆ ☆ ☆ ☆	☆ ☆ ☆ ☆ ☆	☆ ☆ ☆ ☆ ☆
	整体布局要求严谨，色彩、版式、文字运用是否使用合理	☆ ☆ ☆ ☆ ☆	☆ ☆ ☆ ☆ ☆	☆ ☆ ☆ ☆ ☆
职业素养	能良好表达自己的观点，善于倾听他人的观点	☆ ☆ ☆ ☆ ☆	☆ ☆ ☆ ☆ ☆	☆ ☆ ☆ ☆ ☆
	能主动用不同方法完成项目，分析哪种方法更适合	☆ ☆ ☆ ☆ ☆	☆ ☆ ☆ ☆ ☆	☆ ☆ ☆ ☆ ☆
	主动向他人学习	☆ ☆ ☆ ☆ ☆	☆ ☆ ☆ ☆ ☆	☆ ☆ ☆ ☆ ☆
	提出新的想法、建议和策略	☆ ☆ ☆ ☆ ☆	☆ ☆ ☆ ☆ ☆	☆ ☆ ☆ ☆ ☆
实践创新	在完成项目前提下具有创新意识，有能力结合实际找到新的解决问题的办法	☆ ☆ ☆ ☆ ☆	☆ ☆ ☆ ☆ ☆	☆ ☆ ☆ ☆ ☆
自我反思与评价				

7.5　实战演练

学习了租房类 App 界面设计的流程和技巧之后，接下来大家可以运用所学内容，完成一个 iOS 系统下的读书类 App 的界面设计（图 7-5-1），在运用设计理念和制作规范的同时，要确保作品的规范性，这样才能满足开发人员的要求。

▲ 图 7-5-1　实战案例

第8章 "美食中国"网站设计

8.1 实战准备

8.1.1 实训示例

本实训示例将设计制作"美食中国"网页界面，如图 8-1-1 至 8-1-8 所示。

▲ 图 8-1-1 "美食中国"网页界面 1

▲ 图 8-1-2 "美食中国"网页界面 2

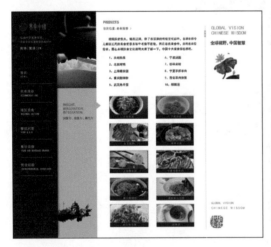

▲ 图 8-1-3 "美食中国"网页界面 3

▲ 图 8-1-4 "美食中国"网页界面 4

▲ 图 8-1-5 "美食中国"网页界面 5

▲ 图 8-1-6 "美食中国"网页界面 6

▲ 图 8-1-7 "美食中国"网页界面 7

▲ 图 8-1-8 "美食中国"网页界面 8

8.1.2 知识储备

1. 电脑 UI 设计和手机 UI 设计的区别

1）屏幕尺寸不同

电脑显示器的屏幕尺寸一般为 19 ～ 24 英寸（1 英寸 = 2.54 厘米），手机屏幕尺寸一般为 4 ～ 7 英寸（1 英寸 = 2.54 厘米）。电脑显示器和手机的屏幕尺寸不同，这两种设计的显示区域也不同。所以电脑上的 UI 设计，首页要多放一些内容，尽量减少层级。而手机上的 UI 设计，因为屏幕显示尺寸有限，所以不能放那么多内容，可以增加层级。

例如，用户一进入电脑版的淘宝就会发现它的内容非常多，包括主题市场分类的展示、广告页的展示、个人中心的展示等。而手机版的淘宝层级较多，有 5 个大的层级，其中主屏上又有 10 个小的层级，一层连一层，展示内容相对较少，没有直接展示主题市场分类，必须通过层级进入 2 级页面才能看到。

2）设计规范不同

电脑的 UI 操作一般是用鼠标进行的,手机的则是手指。用鼠标操作的精确度较高,而用手指的精确度相对较低,所以电脑上的图标一般会小一些,手机上的会大一些。例如,电脑版的微信图标,明显比手机上的要小一些。

3）UI 交互操作习惯不同

电脑可以实现单击、双击、按住、移入、移出、右击、滚轮等操作,而手机只能实现点击、长按和滑动等操作,所以电脑上可以展现的 UI 交互操作更多,功能也更强,而手机在这方面则弱一些。例如,电脑版的腾讯视频可以进行双击、右击、单击、滚轮等多种操作;而手机版的腾讯视频在屏幕左边上下滑动可以调亮度,在右边上下滑动可以调声音,在最下面左右滑动可以调视频的进度,双击可以暂停,其他功能就要通过单击相应图标才能实现了。

2. 字体设计规范

网页设计需要将图片和文字相结合,达到融合的境界。当然,文字的设计也是有一定规范的,网页设计不同区域常用字号如表 8-1-1 所示,网页正文文字推荐字号如表 8-1-2 所示。

表 8-1-1　网页设计不同区域常用字号

标题（header）导航文字	12 号或 14 号
菜单（menu）导航文字	14 ～ 18 号
边注栏（sidebar）文字	12 号或 14 号
页尾（footer）文字	12 号或 14 号

表 8-1-2　网页正文文字推荐字号

菜单文字	一级菜单使用 14 号,二级菜单使用 12 号	一级菜单使用 12 号加粗,二级菜单使用 12 号	
正文文字	大标题文字 24 ～ 32 号	标题文字 16 号或 18 号	正文文字 12 号或 14 号
标题文字	18 px,20 px,24 px,28 px,32 px,尽可能使用双数		
按钮文字	登录、注册页面按钮或其他按钮文字 14 ～ 16 号,可根据实际情况调整大小或加粗		
其他文字	同一层级的字号搭配应该保持一致		

3. 字体排版规范

（1）行宽:网页上每行的字符数一般为 75 ～ 85。中文用 14 号字时,每行 35 ～ 45 个文字为宜。

（2）行高:网页设计中,行间距一般为字体大小的 1 ～ 1.5 倍,段间距为 1.5 ～ 2 倍。

如 12 号字体，行间距是 12 px ～ 18 px，段落间距则是 18 px ～ 24 px。

另外，行高 / 段落之间的空白等于 0.754。行间距正好是段落间距的 75%。

（3）行对齐：通常情况下，在页面上应统一用一种文本对齐方式，尽量避免两端对齐。

（4）文字留白：在编排文字的版式时，需要在版面上留出空余空间，留白面积应该按字间距、行间距、段间距的顺序逐步增加。此外，在编排内容区的版式之前，需要根据页面实际情况在页面四周留出空白区域。

（5）原则：对比、重复、对齐、亲密性。

8.1.3 技术储备

1. 通道的作用

（1）显示或存储图像的不同颜色信息。

（2）做选区。

（3）结合滤镜制作特殊效果。

（4）专色印刷。

2. 通道的类型

（1）全色通道：正常显示图像。

（2）单色通道：显示或存储图像的颜色（白色显示颜色；黑色不显示；灰色半透明）。

（3）Alpha 通道：做选区（白色做选区；黑色不做选区；灰色半透明）。

（4）专色通道：专色印刷。

3. 选区的保存与载入

（1）选区的保存：①绘制选区后，选择"通道控制面板"→"将选区保存为通道"；②绘制选区后，选择"菜单"→"存储选区"。

（2）选区的载入：①选择通道后，选择"通道控制面板"→"将通道作为选区载入"；②选择"菜单"→"载入选区"；③按"Ctrl"键并单击通道。

（3）增减通道中的选区：选择一个通道后，载入选区，按"Ctrl+Shift"组合键单击另一个通道，可增加选区。选择一个通道后，载入选区，按"Ctrl+Alt"组合键单击另一个通道，可减少选区。选择一个通道后，载入选区，按"Ctrl+Shift+Alt"组合键单击另一个通道，可相交选区。

8.2 实战步骤

8.2.1 设计需求

"美食中国"是针对中国餐饮开设的专业性的信息平台，目的是弘扬中华美食文化。在这个平台上，用户可以进行餐饮信息交流、资源共享，传播餐饮知识。一方水土养一方人，广阔的中华大地哺育出上下五千年的璀璨文化，而中华饮食文化更是中国人的骄傲。中国人通过炒（爆、熘）、烧（焖、煨、烩、卤）、煎（塌、贴）、炸（烹）、煮（氽、炖、煲）、蒸、烤（腌、熏、风干）、凉拌、淋、扒、涮等烹饪方式，制作各种菜肴，形成了鲁、粤、闽、徽、川、湘、浙、苏等各具地方风味特色的八大菜系，每一菜系都可烹饪出 200～300 个品种的菜肴。

在一定意义上，美食与文化是相互兼容的，一道美食的产生总离不开当地的特色文化，每道美食的背后总有深厚的人文情怀和独特的历史故事，需要在文学肴馔里细细品味。

现在网络上关于美食的网站不计其数，而将美食与文化相结合的网站却屈指可数。美食中国网站能将美食背后的故事挖掘出来，借助美食传承中华优秀文化。

网站宗旨：赏美食、听故事、表看法。赏评中华美食，弘扬传统文化。

网站栏目构架：美食中国网包括美食推荐、尚食之道、从口入心、地区美食、餐饮问答、问答分类、餐饮常识、烹饪技巧、热门门店、地区特色餐馆、视频推荐、音频推荐、创业经验等栏目，立足于中华饮食文化传承，关注中国餐饮市场，对全国餐饮名店、名小吃进行广泛的宣传，扩大中国餐饮在全世界的影响。

用户画像：经常上网、喜欢网购的人群，其中 20～40 岁之间的白领阶层，工作繁忙，闲暇时间少，不想下厨房，一日三餐都靠直接在网上下订单解决；喜好烹饪的人会在网上找一些新菜式，然后自己在家学着做；对饮食健康比较关注的人群。

8.2.2 草图制作

为了确保最后完成的"美食中国"网站界面与产品经理策划的一致，在开始设计制作之前，设计人员可以先按照策划的内容将界面草图制作出来，得到产品经理和开发人员的认可后，再开始界面的设计与制作。

1. 界面尺寸

网页宽度为 1920 px，高度不限，有效可视区为 950～1200 px，具体尺寸根据项目、客户要求及用户群确定。

首屏高约为 700～750 px，主体内容区域为 1200 px。

建立文件：文件宽度为 1920 px，高度不限，RGB 颜色模式，分辨率 72 ppi。

2. 界面布局

该项目为左右框架布局，这是一些大型论坛和企业经常使用的布局结构，主要分为左右两侧页面。左侧一般为导航栏链接，右侧则放置网站的主要内容。右侧的内容需要大一点的空间，会占尽量大的比例。左侧占 35%，右侧占 65%，接近于黄金分割比例，看起来比较舒服，如图 8-2-1 所示。

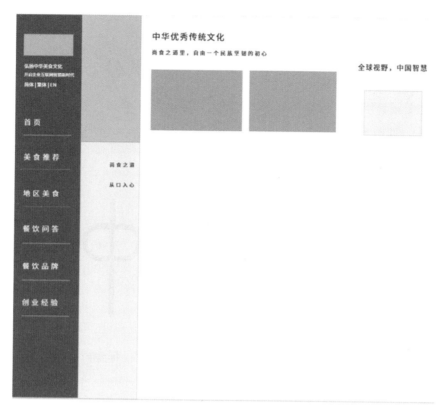

▲ 图 8-2-1 布局设置

8.2.3 色彩搭配

在配色方面，美食中国网以古朴的深褐色及灰色为主，更贴合中华优秀传统文化厚重的历史感，而且给人一种稳定的感觉，颜色如图 8-2-2 所示。

▲ 图 8-2-2 颜色搭配

8.3 实战案例

8.3.1 设计网站 logo 与标准字

本案例主要设计网站 logo 和标准字（字体为方正小篆体，系统通常会自带，所以此处不做步骤介绍），如图 8-3-1 和 8-3-2 所示。logo 采用中国古代窗棂形象作为主要设计元素，有透过窗子从古看到今之意。

▲ 图 8-3-1　logo

▲ 图 8-3-2　标准字

知识链接

篆书

篆书体是中国书法六种书体之一。其他五种分别是隶书体、楷书体、行书体、草书体和马书体。篆书是中国书法史上的一个重要支点，起到了承上启下的历史作用，为汉代书法书体和风格的爆发奠定了基础。篆书又分为大篆和小篆，大篆线条坚挺厚重，古拙质朴，小篆线条对称匀称，几近完美，变化少。

窗棂是中国传统木构建筑的框架结构设计，雕刻有线槽和各种花纹，构成种类繁多的优美图案，使窗成为传统建筑中最重要的构成要素之一，成为建筑的审美中心。常见的有海棠花纹窗棂、藤蔓纹窗棂、"寿"字纹窗棂等。

logo 制作步骤如下。

（1）新建一个 800 px × 800 px 的白色背景文件。

（2）选择"多边形工具"，描边宽度为 12 点，设置 8 条边，描边颜色为"#7d0000"，创建一个宽度、高度均为 700 px 的八边形，如图 8-3-3 至图 8-3-5 所示。

"美食中国" logo
设计

▲ 图 8-3-3　多边形属性设置

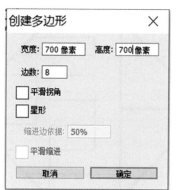

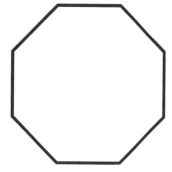

▲ 图 8-3-4 创建八边形　　　▲ 图 8-3-5 八边形效果

（3）选择直线工具，设置填充颜色，粗细设置为 10 px，绘制左边窗棂，如图 8-3-6 和图 8-3-7 所示。

▲ 图 8-3-6 直线工具属性设置

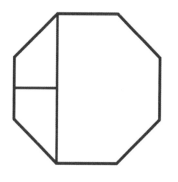

▲ 图 8-3-7 绘制左边窗棂

（4）依旧选择直线工具，设置填充颜色，粗细设置为 7 px，绘制右边窗棂，如图 8-3-8 和图 8-3-9 所示（注意要有辅助线）。效果如图 8-3-10 所示。

▲ 图 8-3-8 细窗棂线属性设置

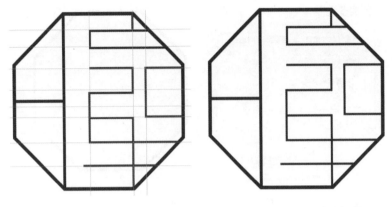

▲ 图 8-3-9　绘制右边窗棂　　　　▲ 图 8-3-10　完成窗棂效果

（5）用钢笔工具绘制小鸟形状，并填充颜色，如图 8-3-11 所示。

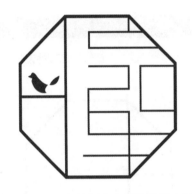

▲ 图 8-3-11　绘制小鸟形状并填充颜色

8.3.2　制作网站界面

（1）新建一个 1440 px × 1250 px 的空白文件。

（2）根据草图，用标尺和辅助线测量，在左侧划分出两个部分，如图 8-3-12 所示。第一部分是导航条，宽度为 260 px，第二部分是子菜单，宽度为 220 px。给这两个部分各自新建图层，填充颜色，分别是"#2d1d10""#cccccc"。

"美食中国"网站界面设计

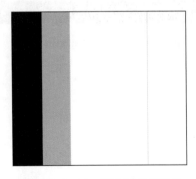

▲ 图 8-3-12　划分出两个部分

（3）给导航条部分添加投影，让它具有层次感，投影属性如图 8-3-13 所示，投影效果如图 8-3-14 所示。

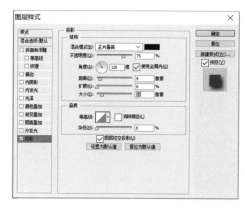

▲ 图 8-3-13　投影属性

▲ 图 8-3-14　投影效果

（4）将保存为 JPG 格式的 logo 添加进来，用"魔术橡皮擦工具"去掉 logo 的白色背景，如图 8-3-15 所示。锁定透明像素，填充颜色为" #d1a070"，调整大小，放在合适的位置，效果如图 8-3-16 所示。

▲ 图 8-3-15　添加 logo

▲ 图 8-3-16　logo 效果图

（5）运用同样的方法，把标准字也放在合适的位置上，依次输入相应文字，如图 8-3-17 所示。

▲ 图 8-3-17　完成文字部分

（6）输入左侧导航条上的文字，注意要把握好距离，如图 8-3-18 所示。

▲ 图 8-3-18　导航条文字

（7）第二部分，在下拉菜单部分先放置一张图片，如图 8-3-19 所示。

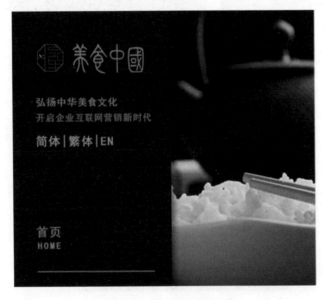

▲ 图 8-3-19　素材图片载入

（8）制作子菜单的文字效果，可以先改变一个模块文字的颜色，单击鼠标后出现下划线和文字颜色变化，文字的右侧还有一个三角符号，注意这个三角符号在切图的时候要单独切出来，效果如图 8-3-20 所示。

▲ 图 8-3-20　子菜单效果

（9）子菜单底部的装饰图案，需要在确定好适合的位置和大小后用图层样式制作。添加素材，将其放置在适合的位置，如图 8-3-21 所示。图层样式改为"变暗"就可以产生背景融入的效果，如图 8-3-22 所示，完成效果如图 8-3-23 所示。

▲ 图 8-3-21　添加素材

▲ 图 8-3-22　设置图层样式

▲ 图 8-3-23　素材处理效果

（10）接下来制作网站的主要内容部分。绘制辅助线，将标题文字和图片放在合适的位置。对于图片下面的大段文字，单击"文字工具"，用鼠标将文字拖拽出文本框，如图 8-3-24 所示，再将文字粘贴到文本框内，如图 8-3-25 所示。

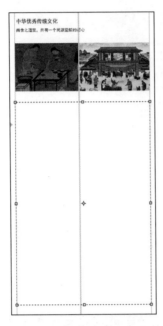

▲ 图 8-3-24　文本框　　　　　▲ 图 8-3-25　文字效果

（11）此案例在界面右侧有一个装饰的部分，将装饰图案和文字放置在右侧，如图 8-3-26 所示。有的界面内容比较多，就不需要装饰部分。

▲ 图 8-3-26　右侧装饰效果

（12）界面的最终效果如图 8-3-27 所示。

▲ 图 8-3-27 最终效果

其他界面也用此方法，因为有宫格布局，要注意辅助线的应用。

8.3.3 网站界面标注

标注网页界面效果图的主要目的是保证设计稿能够高品质地被呈现，同时也是为了方便开发人员更好地完成界面适配工作。好的标注是还原界面设计的有效保障，也是提高开发效率的保障，以下是使用 PxCook 完成界面标注的具体操作。

（1）双击打开 PxCook 软件，在右上角单击创建项目，输入名称并选择项目类型，单击"创建项目"，如图 8-3-28 所示。

（2）选择 Adobe Photoshop 软件标注，可以导入 PSD、PNG、JPG 格式的文件，这里选择导入 PSD 格式，如图 8-3-29 所示。

▲ 图 8-3-28 创建项目

▲ 图 8-3-29 选择导入 PSD 格式

223

（3）单击右侧"添加"按钮，载入要添加的项目文件，如图 8-3-30 所示。

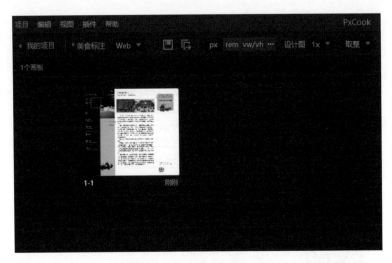

▲ 图 8-3-30　载入文件

（4）双击"文件"，进入设计区域中。

（5）按照图层进行智能标注。选择一个区域，也就是一个图层，左侧会出现"生成尺寸标注"和"生成文本样式标注"两个按钮，如图 8-3-31 和图 8-3-32 所示。单击这两个按钮，图片图层的宽高会被标注出来，文字图层的文字字体、大小及颜色也会被直接显示出来，完成效果如图 8-3-33 所示。

▲ 图 8-3-31　生成尺寸标注

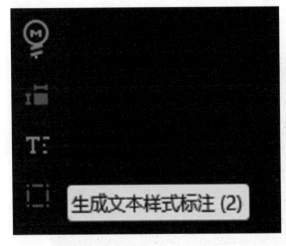

▲ 图 8-3-32　生成文本样式标注

▲ 图 8-3-33　完成效果

（6）对于一些边界距离，可以手动标注，如图 8-3-34 所示。

（7）选择"项目"→"导出标注图"→"当前画板（.png）"，导出标注图，效果如图 8-3-35 所示。

提示：网页界面如果图片不多，可以不用切图，在后期开发的时候给开发人员合适的图片即可，但如果图片多，就需要进行切图。

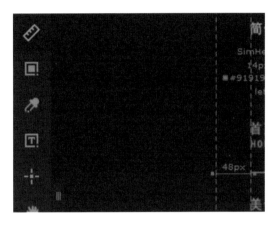

▲ 图 8-3-34　手动标注

▲ 图 8-3-35　最终标注效果

8.4　评价与思考

本部分内容以网页界面设计规范为基础，详细讲解了网站界面从策划到输出的整个过程。希望大家能够掌握网页界面设计制作的规则，从草图熟悉、导航条制作、界面布局等内容中，深刻体会色彩、布局、文本对整个网页界面设计的影响。

学完本部分内容后，你有什么收获呢？请根据自己的学习情况填涂评价表 8-4-1。

表 8-4-1　**评价表 15**

评价内容	评价要点	自我评价	小组评价	教师评价
参与态度	团队合作配合程度	☆ ☆ ☆ ☆ ☆	☆ ☆ ☆ ☆ ☆	☆ ☆ ☆ ☆ ☆
	时间分配是否合理	☆ ☆ ☆ ☆ ☆	☆ ☆ ☆ ☆ ☆	☆ ☆ ☆ ☆ ☆
	实训过程中的态度	☆ ☆ ☆ ☆ ☆	☆ ☆ ☆ ☆ ☆	☆ ☆ ☆ ☆ ☆
操作能力	能在规定时间内完成所有的实战操作	☆ ☆ ☆ ☆ ☆	☆ ☆ ☆ ☆ ☆	☆ ☆ ☆ ☆ ☆
	综合运用 Adobe Photoshop 知识制作项目，文件制作精细程度	☆ ☆ ☆ ☆ ☆	☆ ☆ ☆ ☆ ☆	☆ ☆ ☆ ☆ ☆
	文件尺寸、色彩模式、分辨率是否符合制作要求	☆ ☆ ☆ ☆ ☆	☆ ☆ ☆ ☆ ☆	☆ ☆ ☆ ☆ ☆
	整体布局要求严谨，色彩、版式、文字运用是否使用合理	☆ ☆ ☆ ☆ ☆	☆ ☆ ☆ ☆ ☆	☆ ☆ ☆ ☆ ☆
职业素养	能良好表达自己的观点，善于倾听他人的观点	☆ ☆ ☆ ☆ ☆	☆ ☆ ☆ ☆ ☆	☆ ☆ ☆ ☆ ☆
	能主动用不同方法完成项目，分析哪种方法更适合	☆ ☆ ☆ ☆ ☆	☆ ☆ ☆ ☆ ☆	☆ ☆ ☆ ☆ ☆
	主动向他人学习	☆ ☆ ☆ ☆ ☆	☆ ☆ ☆ ☆ ☆	☆ ☆ ☆ ☆ ☆
	提出新的想法、建议和策略	☆ ☆ ☆ ☆ ☆	☆ ☆ ☆ ☆ ☆	☆ ☆ ☆ ☆ ☆
实践创新	在完成项目前提下具有创新意识，有能力结合实际找到新的解决问题的办法	☆ ☆ ☆ ☆ ☆	☆ ☆ ☆ ☆ ☆	☆ ☆ ☆ ☆ ☆
自我反思与评价				

8.5　实战演练

掌握了"美食中国"网页界面设计的流程和技巧之后，接下来运用所学内容，完成博物馆网站首页的设计，如图 8-5-1 所示。在运用设计理念和制作规范的同时，要确保作品的规范性，这样才能满足开发人员的要求。

页面 1

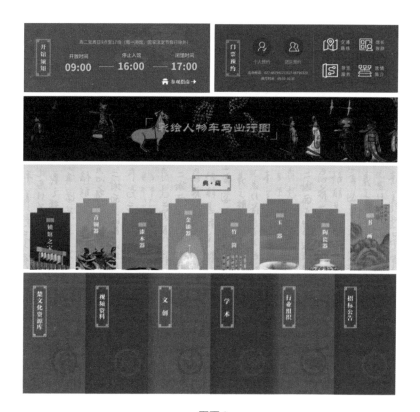

页面 2

页面 3

▲ 图 8-5-1 博物馆网站首页

参考文献

[1] 陈彦，王雨捷，高金宝 .UI 设计项目化实战教程：微课版 [M]. 北京：人民邮电出版社，2023.

[2] 李世钦 .游戏 UI 设计原则与实例指导手册 [M].2 版 . 北京：人民邮电出版社，2023.

[3] 陈根 .UI 设计入门一本就够 [M]. 北京：化学工业出版社，2018.

[4] 吕云翔，杨婧玥 .UI 交互设计与开发实战 [M]. 北京：机械工业出版社，2020.

[5] 高金山 .UI 设计必修课：游戏 + 软件 + 网站 +APP 界面设计教程 [M]. 北京：电子工业出版社，2017.

[6] 原研哉，阿部雅世 . 为什么设计 [M]. 朱锷，译 . 济南：山东人民出版社，2009.

[7] 蓝湖产品设计协作 .UI 设计蓝湖火花集：交互 + 视觉 + 产品 + 体验 [M]. 北京：电子工业出版社，2019.

[8] 胡卫军 .UI 设计全书 [M]. 北京：电子工业出版社，2020.

[9] 梁玉萍，刘冰 . 移动 UI 界面 App 设计 Photoshop 从新手到高手 [M]. 北京：北京日报出版社，2016.

[10] 张吉航 . 游戏 UI 设计方法与案例应用解析 [M]. 北京：电子工业出版社，2022.

[11] 夏琰 . 移动 UI 交互设计：微课版 [M]. 北京：人民邮电出版社，2019.

[12] 张銎，金元彪，梁跃荣，等 .UI 视觉风格设计：Illustrator 实例教程 [M]. 北京：化学工业出版社，2022.

[13] 王月颖，何冬，杨媛 .UI 设计 [M]. 北京：科学出版社，2020.